软件设计模式简明教程
（Java 版）

张　凯　吴志祥　万春璐　王　磊　编著

电子工业出版社
Publishing House of Electronics Industry
北京·BEIJING

内 容 简 介

本书系统地介绍了软件设计模式的基础知识和 23 种 GoF 设计模式，包括软件设计模式的概述、UML 类图及类间关系、面向对象设计原则、创建型设计模式、结构型设计模式、行为型设计模式和设计模式综合应用。

本书分为 7 章，其逻辑性极强，对每种设计模式都系统地进行了介绍，包括模式动机、模式结构与角色分析、模式实例解析和模式效果分析。配套的课程网站包括课程学习指导、上机实验指导、课件和课程档案文件下载等，超星线上课程更是能够方便读者进行自主学习。

本书可作为高等院校软件工程及相关专业开设软件设计模式课程的教材，也可以作为软件开发人员和编程爱好者的参考书。

未经许可，不得以任何方式复制或抄袭本书之部分或全部内容。

版权所有，侵权必究。

图书在版编目（CIP）数据

软件设计模式简明教程：Java 版 / 张凯等编著. —北京：电子工业出版社，2020.10（2025.1 重印）
ISBN 978-7-121-39690-8

Ⅰ．①软… Ⅱ．①张… Ⅲ．①JAVA 语言－软件设计－高等学校－教材 Ⅳ．①TP312.8

中国版本图书馆 CIP 数据核字（2020）第 185520 号

责任编辑：张小乐　　文字编辑：王　炜
印　　刷：涿州市般润文化传播有限公司
装　　订：涿州市般润文化传播有限公司
出版发行：电子工业出版社
　　　　　北京市海淀区万寿路 173 信箱　邮编：100036
开　　本：787×1 092　1/16　印张：15.25　字数：390.4 千字
版　　次：2020 年 10 月第 1 版
印　　次：2025 年 1 月第 8 次印刷
定　　价：52.00 元

凡所购买电子工业出版社图书有缺损问题，请向购买书店调换。若书店售缺，请与本社发行部联系，联系及邮购电话：（010）88254888，88258888。

质量投诉请发邮件至 zlts@phei.com.cn，盗版侵权举报请发邮件至 dbqq@phei.com.cn。

本书咨询联系方式：（010）88254462，zhxl@phei.com.cn。

前　　言

设计模式是对软件开发经验的科学总结，无论是面向对象编程的初学者，还是具有一定编程经验的程序员，都可以从设计模式的学习和使用中深入理解面向对象思想的精华，开发出可扩展性和可复用性俱佳的软件。

本书系统地介绍了软件设计模式的基础知识和 23 种 GoF 设计模式，包括软件设计模式的概述、UML 类图及类间关系、面向对象设计原则、创建型设计模式、结构型设计模式、行为型设计模式和设计模式综合应用。

本书力求做到结构合理、逻辑性和实用性强。第 1 章软件设计模式的概述，介绍了软件设计模式的产生与发展，以及软件设计模式的定义、研究意义和分类。第 2 章 UML 类图及类间关系，介绍了在 Eclipse 中使用类图描述类间关系。第 3 章面向对象设计原则，阐述了软件开发中需要遵循的 7 个设计原则。第 4 章至第 6 章分别介绍了 GoF 的 23 种设计模式，每章按照从易到难的顺序，分别通过模式动机、模式定义、模式结构、模式应用和模式评价 5 个方面展开。第 7 章通过一个绘图板项目，说明设计模式在软件开发中的综合应用。

掌握一种软件设计模式的关键是进行模式结构与角色分析。为此，笔者将简明示例的 Eclipse 项目文件系统的轮廓图作为对模式类图分析的补充。也就是说，根据该轮廓图就可以轻松地写出实现的源代码，并可方便地进行适当的修改，以提出不同的解决方案。此外，本书还介绍了软件设计模式在 Java、Java EE 和 Android 课程中的应用。

课后练习与实验是教学的一个重要环节。本书每章均配有习题及上机实验（第 1 章除外），以及配套的上机实验网站，包括实验目的、实验内容、在线测试（含答案和评分）和素材的提供等，涉及教学大纲、实验大纲、各种软件的下载链接、课件和案例源代码下载、在线测试等内容。

本书由武汉科技大学张凯（教授、博导）、武昌理工学院吴志祥（特聘教授、教学名师）、武昌理工学院万春璐（美国威斯康星大学拉克罗斯分校软件工程硕士）和武汉科技大学王磊（华中科技大学计算机软件与理论专业博士）4 位老师共同编著。张凯完成了第 1 章、第 2 章和第 3 章的编写，吴志祥完成了第 6 章的编写、课程网站和超星在线课程的设计，万春璐完成了第 4 章和第 7 章的编写，王磊完成了第 5 章的编写。

本书可作为高等院校软件工程专业、计算机科学与技术等专业软件设计模式课程的教材，也可以作为软件编程爱好者的参考书。

通过访问 http://www.wustwzx.com/jdp/index.html，可获取本书配套的课件、案例源代码等教学资料。

由于编者水平有限，书中错漏之处在所难免，在此真诚欢迎读者多提宝贵意见，通过访问网站 http://www.wustwzx.com 可与作者联系，以便再版时更正。

作　者
2020 年 8 月于武汉

目　　录

第1章　软件设计模式的概述 ··· 1
1.1　软件设计模式及其发展简史 ··· 1
1.1.1　模式与软件设计模式 ··· 1
1.1.2　软件设计模式的产生与发展 ·· 1
1.1.3　软件设计模式的基本特点 ··· 2
1.2　软件设计模式的定义、基本要素及研究意义 ····································· 6
1.2.1　软件设计模式的定义 ··· 6
1.2.2　基本要素 ··· 6
1.2.3　研究意义 ··· 7
1.3　GoF 设计模式及其分类 ··· 7
1.3.1　GoF 设计模式 ··· 7
1.3.2　创建型设计模式、结构型设计模式和行为型设计模式 ················· 8
1.3.3　类模式与对象模式 ·· 8
1.3.4　进一步分类 ·· 8
1.4　软件设计模式的相关课程 ·· 9
1.4.1　软件体系结构 ·· 9
1.4.2　软件工程 ··· 9
1.4.3　Java 方向的系列课程 ·· 9
习题 ·· 11

第2章　UML 类图及类间关系 ·· 13
2.1　UML 概述 ·· 13
2.1.1　UML 定义及发展简史 ··· 13
2.1.2　UML 建模技术的应用 ··· 14
2.2　UML 类图 ·· 15
2.2.1　使用 UML 表示类 ·· 15
2.2.2　UML 类图绘制软件 ·· 15
2.2.3　AmaterasUML 插件的使用 ··· 16
2.3　类间关系及其 UML 类图表示 ··· 17
2.3.1　关联关系 ··· 17
2.3.2　依赖关系 ··· 19
2.3.3　泛化关系 ··· 19

  2.3.4 实现关系 ... 20
 习题 ... 21
 实验 ... 22

第3章 面向对象设计原则 ... 23
 3.1 面向对象设计原则的概述 ... 23
 3.2 开闭原则 ... 24
 3.3 依赖倒置原则 ... 24
 3.4 里氏代换原则 ... 25
 3.5 合成-聚合复用原则 ... 25
 3.6 单一职责原则 ... 27
 3.7 迪米特法则 ... 28
 3.8 接口隔离原则 ... 29
 习题 ... 30
 实验 ... 32

第4章 创建型设计模式 ... 33
 4.1 工厂模式 ... 33
  4.1.1 预备知识：XML 解析与使用 Java 反射创建对象 ... 33
  4.1.2 简单工厂模式 ... 38
  4.1.3 工厂方法模式 ... 41
  4.1.4 抽象工厂模式 ... 44
 4.2 单例模式及其扩展 ... 49
  4.2.1 单例模式 ... 49
  4.2.2 懒汉式单例类、饿汉式单例类与线程安全 ... 52
 4.3 原型模式及其扩展 ... 54
  4.3.1 原型模式 ... 54
  4.3.2 浅克隆与深克隆 ... 58
 4.4 建造者模式及其扩展 ... 64
  4.4.1 建造者模式 ... 64
  4.4.2 使用钩子方法控制产品的建造过程 ... 67
  4.4.3 在抽象建造者中组合产品 ... 69
 习题 ... 72
 实验 ... 74

第5章 结构型设计模式 ... 76
 5.1 外观模式及应用 ... 76
  5.1.1 外观模式 ... 76
  5.1.2 使用抽象外观类可更好地满足开闭原则 ... 79

- 5.2 适配器模式 ··· 82
  - 5.2.1 类适配器模式 ·· 83
  - 5.2.2 对象适配器模式 ··· 84
  - 5.2.3 双向适配器模式 ··· 85
- 5.3 组合模式 ··· 87
- 5.4 代理模式及应用 ·· 93
  - 5.4.1 代理模式 ··· 93
  - 5.4.2 静态代理与动态代理 ··· 96
  - 5.4.3 JDK 动态代理及应用 ·· 96
  - 5.4.4 CGLib 动态代理 ·· 100
  - 5.4.5 远程代理、RMI 与 RPC ·· 102
- 5.5 桥接模式 ·· 109
- 5.6 装饰模式 ·· 112
- 5.7 享元模式及应用 ··· 119
  - 5.7.1 享元模式 ··· 119
  - 5.7.2 享元模式在 JDK 开发中的应用 ·· 125
- 习题 ·· 126
- 实验 ·· 129

第 6 章 行为型设计模式 ·· 132
- 6.1 策略模式 ·· 132
- 6.2 模板方法模式及应用 ·· 135
  - 6.2.1 模板方法模式 ··· 135
  - 6.2.2 模板方法模式在 Servlet 组件开发中的应用 ··································· 138
- 6.3 备忘录模式 ··· 141
- 6.4 观察者模式及应用 ·· 146
  - 6.4.1 观察者模式 ·· 146
  - 6.4.2 观察者模式的应用 ·· 152
- 6.5 迭代器模式及应用 ·· 153
  - 6.5.1 迭代器模式 ·· 153
  - 6.5.2 迭代器模式在 JDK 集合框架中的应用 ·· 156
- 6.6 命令模式及其应用 ·· 157
  - 6.6.1 命令模式 ··· 157
  - 6.6.2 智能家居遥控器 ·· 160
  - 6.6.3 日志功能与命令的撤销和恢复功能 ·· 163
  - 6.6.4 使用栈实现多次撤销与恢复 ··· 165
  - 6.6.5 联用命令模式和组合模式实现宏命令 ·· 168

6.7 状态模式及应用 ··········· 171
6.7.1 状态模式 ··········· 171
6.7.2 状态模式与策略模式应用的比较 ··········· 175
6.8 职责链模式及其扩展 ··········· 180
6.8.1 职责链模式 ··········· 180
6.8.2 纯的职责链模式和不纯的职责链模式 ··········· 185
6.8.3 与状态模式比较 ··········· 185
6.9 中介者模式 ··········· 185
6.10 访问者模式 ··········· 188
6.11 解释器模式及应用 ··········· 193
6.11.1 基础知识：词法分析、语法分析与抽象语法树 ··········· 193
6.11.2 解释器模式 ··········· 195
6.11.3 模式的应用 ··········· 199
习题 ··········· 211
实验 ··········· 215

第 7 章 设计模式综合应用 ··········· 219
7.1 需求分析 ··········· 219
7.2 总体设计 ··········· 219
7.2.1 总体设计流程图 ··········· 219
7.2.2 模块设计 ··········· 219
7.2.3 界面设计 ··········· 220
7.3 功能设计及其设计模式分析 ··········· 222
7.3.1 使用简单工厂模式和单例模式管理绘图工具 ··········· 222
7.3.2 使用模板方法管理工具面板和颜色面板 ··········· 223
7.3.3 使用状态模式管理系统菜单 ··········· 226
7.3.4 使用迭代器模式存取图片文件 ··········· 227
7.3.5 使用备忘录模式管理编辑操作 ··········· 230
习题 ··········· 232
实验 ··········· 234

参考文献 ··········· 236

第 1 章 软件设计模式的概述

随着面向对象编程语言的发展，以及软件开发规模的不断扩大，使编写良好且可复用的 OOP 程序变得十分困难。软件设计模式是被反复使用、经过分类编目的代码设计经验的总结，只有通过应用设计模式才能真正实现软件代码的工程化。借助于设计模式，可以更好地实现软件代码的复用，增加可维护性。本章学习要点如下。

- 了解软件设计模式的产生与发展；
- 掌握软件设计模式的定义、基本特点和基本要素；
- 掌握设计模式的多种分类方式，特别是创建型、结构型和行为型；
- 了解本课程与其他课程的关系。

1.1 软件设计模式及其发展简史

1.1.1 模式与软件设计模式

模式是在特定环境中解决问题的一种方案。美国著名建筑大师加利福尼亚大学伯克利分校环境结构中心主任克里斯托夫·亚历山大（Christopher Alexander）给出了模式的经典定义："每个模式都描述了一个在我们的环境中不断出现的问题，并描述了该问题解决方案的核心。通过这种方式，我们可以无数次地重用那些已有的解决方案，无须再重复相同的工作。"

将模式的概念应用于软件开发领域。软件模式可以认为是对软件开发中某种特定"问题"的"解法"的统一表示，它和克里斯托夫所描述的模式定义完全相同，即软件模式等于一定条件下出现的问题及解决方案。

注意：软件设计模式就是软件开发的总体指导思路或参照样板。软件模式并非仅限于设计模式，还包括架构模式、分析模式和过程模式等。实际上，在软件生存期的每个阶段都存在着一些被认同的模式。

1.1.2 软件设计模式的产生与发展

"设计模式"这个术语最初并非出现在软件设计中，而是被用于建筑领域的设计中。1977 年，克里斯托夫在 *A Pattern Language: Towns Building Construction* 中描述了一些常见的建筑设计问题，并提出了 253 种关于对城镇、邻里、住宅、花园和房间等进行设计的基本模式。1979 年，他在 *The Timeless Way of Building* 中进一步强化了设计模式的思想，为后来的建筑设计指明了方向。

1987 年，肯特·贝克（Kent Beck）和沃德·坎宁安（Ward Cunningham）首先将克里斯

托夫的模式思想应用在 Smalltalk 图形用户接口的生成中,但没有引起软件界的关注。直到 1990 年,软件工程界才开始研讨设计模式的话题,后来召开了多次关于设计模式的研讨会。

1995 年,艾瑞克·伽马(Erich Gamma)、理查德·海尔姆(Richard Helm)、拉尔夫·约翰森(Ralph Johnson)、约翰·威利斯迪斯(John Vlissides)4 位作者合作出版了 *Design Patterns: Elements of Reusable Object-Oriented Software*(《设计模式:可复用面向对象软件的基础》),收录了 23 种设计模式,这是设计模式领域里程碑的事件,使软件设计模式获得了突破。

注意: 直到今天,狭义的设计模式还是指本书介绍的 23 种经典设计模式。

1.1.3 软件设计模式的基本特点

随着计算机软件工程技术和面向对象技术的发展,软件设计模式已经成为软件设计人员必须掌握的思想和技术。可以说,只有软件设计模式才能真正实现代码编制的工程化,以及代码的重用性和可维护性。软件设计模式具有如下特点。

(1)软件设计模式融合了众多专家的经验,并以一种标准的形式供广大开发人员所使用。它提供了一套通用的设计词汇和一种通用的语言,以方便开发人员之间的沟通和交流,使设计方案更加通俗易懂。

(2)对于使用不同编程语言的开发人员可以通过设计模式来交流系统的设计方案,软件设计模式可以降低开发人员理解系统的复杂度。

(3)软件设计模式的使用将提高软件系统的开发效率和软件质量,且在一定程度上节约设计成本。

(4)软件设计模式有助于初学者更深入地理解面向对象思想,一方面可以帮助初学者方便阅读和学习现有类库与其他系统中的源代码;另一方面还可以提高软件的设计水平和代码质量。

软件设计模式是对特定场景问题的解决方案。下面介绍几个具体的应用场景。

1. 不够灵活的影院售票系统

某软件公司为电影院开发了一套影院售票系统。在该系统中,需要为不同类型的用户提供不同的电影票打折方式,其打折方案如下。

(1)凭学生证可享受票价 8 折的优惠;

(2)年龄在 10 周岁及以下的儿童可享受每张票价减免 10 元的优惠(原始票价需大于或等于 20 元);

(3)VIP 用户除享受票价半价优惠外,还可进行积分,积分累计一定额度可换取电影院赠送的奖品;

(4)该系统还应根据需要引入新的打折方式。

很容易想到的 Java 实现代码如下。

```java
package ticket;
class MovieTicket {          //电影票类
    private double price;    //电影票价格
    private String type;     //电影票类型
    public double getPrice() {    //getter
```

```java
        return price;
    }
    public void setPrice(double price) {    //setter
        this.price = price;
    }
    public void setType(String type) {    //setter
        this.type = type;
    }
    public double Calculate() {    //计算票价
        if(this.type.equals("student")) {    //学生票折后票价计算
            System.out.print("学生票：");
            return price * 0.8;
        }
        else if(this.type.equals("children") && this.price >= 20 ) {    //儿童票折后票价计算
            System.out.print("儿童票：");
            return price-10;
        }
        else if(this.type.equals("vip")) {    //VIP 票折后票价计算
            System.out.println("VIP 票：");
            System.out.println("增加积分！");
            return price * 0.5;
        }
        else{
            return price;    //如果不满足任何打折要求，则返回原始票价
        }
    }
    public static void main(String[] args) {
        MovieTicket movieTicket = new MovieTicket();
        movieTicket.setPrice(25);
        movieTicket.setType("student");
        System.out.println(movieTicket.Calculate());    //输出实际票价
    }
}
```

上面代码存在的问题是，当新增或调整打折方式时，需要修改已有代码（Calculate()方法中的 if 语句）。实际上，在学习了策略模式（详见 6.1 节）后，可以完美地解决上面的问题，即策略模式对于新增或调整的打折方式，不必修改已有代码，并可以灵活地选择不同的打折方式。

2．庞大的跨平台图像浏览系统

某软件公司要开发一个跨平台的图像浏览系统，要求该系统能够显示 BMP、JPG、GIF 和 PNG 等多种格式的文件，并且能够在 Windows、Linux、UNIX 等多个操作系统上运行。系统首先将各种格式的文件解析为像素矩阵（Matrix），然后在不同的操作系统中根据像素矩阵调用相应的绘制函数，以完成图像的显示。

一个容易想到的解决方案是设计抽象类及其子类，先对不同具体格式的图像抽象为抽象

类 Image，然后对每种操作系统分别与 Image 的子类进行组合（如 BMPWindowsImp 表示 BMP 图像格式在 Windows 平台里的实现），如图 1.1.1 所示。

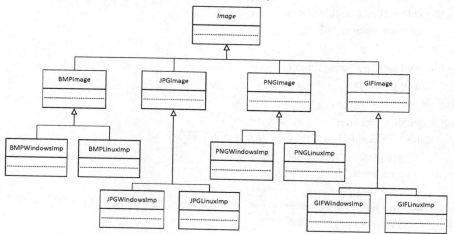

图 1.1.1　系统类之间的关系设计

按照上述思路，编写的程序代码如下：

```java
package browser;
abstract class Image{    //图像抽象类
    public abstract void show();   //抽象方法
}
class BMPImage extends Image{
    @Override
    public   void show() {
        System.out.println("显示 BMP 图片");
    }
}
class JPGImage extends Image{
    @Override
    public   void show() {
        System.out.println("显示 JPG 图片");
    }
}
class BMPWindowsImp extends BMPImage{
    @Override
    public void show() {
        System.out.println("在 Windows 环境下显示 BMP 格式的图像文件");
    }
}
class JPGWindowsImp extends JPGImage{
    @Override
    public void show() {
        System.out.println("在 Windows 环境下显示 JPG 格式的图像文件");
    }
```

```
}
public class ImageBrowser {    //客户端
    public static void main(String[] args) {
        BMPWindowsImp imp = new BMPWindowsImp();
        imp.show();
    }
}
```

上面这种设计方式采用继承方式实现较原始的解决方案，图像类有两个变化的维度，不符合单一职责原则。当新增图像文件格式或操作系统时，虽然不需要修改已有类，但会导致类的数量组合爆炸而带来如下问题。

（1）采用了多层继承结构，导致系统中类的个数急剧增加（产生类爆炸），具体层的类个数 = 所支持的图像文件格式数×所支持的操作系统数。

（2）系统扩展困难。无论是增加新的图像文件格式，还是增加新的操作系统，都需要增加大量的具体类，这将导致系统变得庞大，从而增加运行和维护的开销。

实际上，在学习了桥接模式（详见 5.5 节）后，使用桥接模式能实现图像格式和操作系统两个维度的独立变化（脱耦），从而完美地解决类爆炸和扩展困难的问题。

3．实时发送状态变化通知的股票系统

在开发股票系统时，要求注册的投资者在股票市场发生变化时，可以自动得到通知。作为对通知的响应，每个投资者都应即时更新自己的状态，以与目标状态同步。

在学习了观察者模式（详见 6.4 节）后，就可以完美地解决上述问题。

4．重用第三方算法库时面临的问题

某软件公司在开发一个银行业务处理系统时需要对其中的机密数据进行加密处理，通过分析发现，用于加密的程序已经存在于一个第三方算法库中，但是没有该算法库的源代码，对原有接口的修改将导致大量代码的改动。如何在不修改接口的基础上，实现第三方算法库的重用，是软件开发人员需要面对的问题。

在学习了适配器模式（详见 5.2 节）后，就可以完美地解决上述问题。

5．允许多步反悔的围棋对抗系统

2016 年 3 月，谷歌旗下 DeepMind 公司的 AlphaGo 以 4 比 1 战胜了职业九段棋手李世石，2017 年 5 月又以 3 比 0 战胜了排名第一的世界围棋冠军柯洁。基于强化学习技术的 AlphaGo 让人们看到人工智能在特定领域的计算、存储和学习能力方面，甚至可以超越人类的智能。

抛开对人工智能技术的感叹，如果想设计一个允许多步反悔的围棋对抗系统，应该选取哪些内容保存棋局呢？怎么设计才能既不破坏封装，又能把围棋游戏类的内部数据存储在程序外部呢？能不能让用户无须了解系统设计的细节，就能方便地存储和读取棋局的关键数据呢？这样的需求在许多大型的软件中都会用到，如办公软件 Word 和金山 WPS 等。

通过备忘录模式（详见 6.3 节）的学习，可以找到这类需要存储状态的软件设计方案。通过享元模式（详见 5.7 节）的学习，还能进一步有效减少对象的数量，以及内存的占用。

6. 理解自定义语法规则的软件系统

当使用 Python 和 JavaScript 等计算机语言编程时，需要通过解释器程序让计算机理解使用特定语法规则编写的表达式并执行。解释型语言的特点是从上到下逐行依次执行，其过程是将所写的代码"翻译"成程序或机器能读懂的语言。例如，一段字符串"1234567"，在计算器程序中表示用于计算的操作数，在文字处理 Word 程序中表示数字编号，在腾讯 QQ 中代表要添加的 QQ 好友号码，在一个音乐软件中又代表 do 到 si 的七个音阶。软件系统中的解释器可以根据具体应用的需求对输入内容进行解析并执行。

当软件开发者和软件使用者约定输入数据的文本格式和内容后，就需要让程序能读懂并执行用户输入的文本和代码了。学习了设计模式课程后，你会发现解释器模式（详见 6.11 节）可以总结出通用的解决方案。通过语法分析，将用户输入的内容转换为抽象语法树和执行上下文。抽象语法树可以分为终端表达式结点和非终端表达式结点，最后由程序输出对构建抽象语法树进行解释执行的结果。基于解释器模式的软件系统非常灵活，用户可以根据语法规则给出任意需要执行的文本和代码，广泛应用于编程语言、SQL 语言、正则表达式和浏览器等大型软件系统的开发。

1.2 软件设计模式的定义、基本要素及研究意义

1.2.1 软件设计模式的定义

软件设计模式（Design Pattern）是一套被反复使用，经过分类编目的代码设计经验的总结。使用软件设计模式是为了可重用代码、让代码更容易被他人理解、保证代码的可靠性。

关于软件设计模式的定义，有如下要点。

（1）软件设计模式是对代码设计经验的总结，且经过分类编目。

（2）软件设计模式的根本目的是提高代码的重用性和可靠性。代码重用性是指相同功能的代码，不必多次编写。代码可靠性是指增加新功能时，对原来的功能没有影响。可靠性也体现了可扩展性和可维护性。

（3）代码可读性是指编程的规范性，以便于其他程序员阅读和理解。

1.2.2 基本要素

软件设计模式的基本要素是指模式名称、问题、目的、解决方案、效果、实例代码和相关设计模式等。其中，软件设计模式的基本要素包括以下 4 个方面：

（1）模式名称（Pattern name）；

（2）问题（Problem）；

（3）解决方案（Solution）；

（4）效果（Consequences）。

软件设计模式的基本结构由 4 部分构成，即问题描述、前提条件（环境或约束条件）、解法（关联解法和其他相关模式）和效果（优/缺点和已知应用），如图 1.2.1 所示。

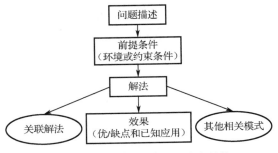

图 1.2.1　软件设计模式的基本结构

1.2.3　研究意义

软件设计模式是面向对象设计原则的实际运用,是对类的封装性、继承性和多态性,以及类的关联关系和组合关系的充分理解。

对于使用不同编程语言的开发人员,都可以通过软件设计模式来交流系统设计方案。每一个模式都对应一个标准的解决方案,软件设计模式可以降低开发人员理解系统的复杂度。

研究软件设计模式,有助于初学者更深入地理解面向对象思想,一方面可以帮助初学者更加方便地阅读和学习现有类库与其他系统中的源代码;另一方面还可以提高软件的设计水平和代码质量。

1.3　GoF 设计模式及其分类

1.3.1　GoF 设计模式

经典著作《设计模式:可复用面向对象软件的基础》的 4 位作者如图 1.3.1 所示。

图 1.3.1　《设计模式:可复用面向对象软件的基础》的 4 位作者

自左到右分别是 Erich Gamma(Eclipse 项目主要技术负责人)、Richard Helm(原 IBM 研究员)、Ralph Johnson(伊利诺伊大学教授)和 John Vlissides(原 IBM 研究员)。

GoF 的 23 种设计模式如表 1.3.1 所示。

表 1.3.1　GoF 的 23 种设计模式

创建型模式		结构型模式		行为型模式	
类创建型模式	对象创建型模式	类结构型模式	对象结构型模式	类行为型模式	对象行为型模式
工厂方法模式		类适配器模式	对象适配器模式		职责链模式
	抽象工厂模式		桥接模式		命令模式
	单例模式		代理模式		迭代器模式
	建造者模式		组合模式		中介者模式
	原型模式		装饰模式		备忘录模式
			享元模式		观察者模式
			外观模式		状态模式
					策略模式
					访问者模式
				模板方法模式	
				解释器模式	

注：适配器模式可分为类适配器模式和对象适配器模式。

1.3.2　创建型设计模式、结构型设计模式和行为型设计模式

软件设计模式有多种分类方法。根据模式目的（模式是用来做什么的）可分为创建型（Creational）、结构型（Structural）和行为型（Behavioral）3 种。

根据软件设计模式的处理范围，可分为类模式和对象模式两种。

根据软件设计模式的使用级别，可分为基本设计模式、常用设计模式和高级设计模式 3 种。

注意：在软件设计模式分类的 3 种方式中，根据使用级别进行划分要相对模糊些。

1.3.3　类模式与对象模式

根据软件设计模式的处理范围（用于处理类之间关系，还是处理对象之间的关系）可分为类模式和对象模式两种。

（1）类模式处理类和子类之间的关系是通过继承在编译时刻就被确定下来的，这些关系是属于静态的。

（2）对象模式是指处理对象之间的关系，这些关系是时刻变化运行的，具有动态性。

1.3.4　进一步分类

1. 类创建型设计模式与对象创建型设计模式

在创建型设计模式中，根据其处理范围又划分为类创建型设计模式和对象创建型设计模式。

在 GoF 的 5 种创建型设计模式中，除工厂方法模式属于类创建型设计模式外，其余都属于对象创建型设计模式。

2. 类结构型设计模式与对象结构型设计模式

在 GoF 的 7 种结构型设计模式中，适配器模式可分为类适配器模式和对象适配器模式，其余都属于对象结构型设计模式。

注意：在类结构型设计模式中，一般只存在继承关系和实现关系。

3．类行为型设计模式和对象行为型设计模式

在行为型设计模式中，根据处理范围又划分为类行为型设计模式和对象行为型设计模式。

在 GoF 的 11 种行为型设计模式中，除模板方法模式和解释器模式属于类行为型设计模式外，其余都属于对象行为型设计模式。

1.4 软件设计模式的相关课程

1.4.1 软件体系结构

通过对软件设计模式课程的学习，首先可以让开发者认识到软件设计中存在的问题，进一步了解和掌握典型软件设计问题的解决方案，通常采用定制对象和类的组合，这是比单个类粒度更大的软件复用方式。软件设计模式也被称为微体系结构（Micro Architecture）。

软件体系结构比软件设计模式的粒度更大，用于定义一个软件系统中主要子系统的结构，如客户端/服务器软件体系结构、面向服务的软件体系结构、基于构件的软件体系结构、并发和实时系统的软件体系结构等。这些软件体系结构中经常会用到软件设计模式，以及实现结构和交互的设计，如观察者模式、代理模式实现并发通信和消息转发等。因此，软件设计模式的学习，对掌握软件体系结构具有重要的支撑作用。

1.4.2 软件工程

随着计算机技术、移动互联网、人工智能技术的发展，软件迎来了爆发式的需求增长和广泛应用。各种系统软件、嵌入式软件、网络通信软件、工业应用软件扮演着信息产品的产生、管理、获取、修改、展示、传输等重要角色。然而，随着软件规模的不断增大，软件质量问题引起了全世界的广泛关注。从 1962 年水手 1 号探测器的导航软件故障，1986 年 Therac 25 放射治疗仪的灼伤事件，1996 年阿丽亚娜 5 号火箭爆炸，2000 年的千年虫问题，2005 年美国联邦调查局 Trilogy 项目被叫停，到 2012 年骑士资本的股票交易软件问题，都给各个领域造成了重大损失。

软件工程是研究采用工程化方法构建和维护的高质量软件，它主要包含需求分析、概要设计与详细设计、编码实现、测试和维护等阶段。其中，设计阶段包含 UML 建模。

在软件设计模式课程中，通过学习各种被反复使用只有软件设计模式才能真正实现软件代码的工程化，开发者才能真正了解如何实现软件代码的重用性和可维护性，让代码更容易被他人理解，以保证软件项目的可靠性。

1.4.3 Java 方向的系列课程

对于 Java 语言的应用，高校教学开设了 Java SE、Java EE 和 Android 等课程。

1．Java SE

Java SE 要求掌握 JDK 的使用，而 JDK 的许多源码都使用了软件设计模式。如类 String 的设计就使用了享元模式，可通过字符串常量池减少内存开销。

通过软件设计模式课程的学习能加深对 Java 相关知识点的理解。例如，学习模板方法后，对 Java 关键字 protected 和 final 就能有更深刻的印象，因为通常的类设计是私有属性（使用关键字 private 修饰）和公有方法（使用关键字 public 修饰），而模板类定义的抽象模板方法只能在本类里被调用而不能在类外被调用，因此使用关键字 protected 修饰。同样，抽象模板类里定义的普通模板方法不能被重写，因此它使用关键字 final 修饰。

2．Java EE

Java EE 是 Sun 公司提出的多层、分布式和基于组件的企业级应用模型。在这个应用系统中，可按照功能划分为不同的组件，这些组件又可用在不同的计算机上，并处于相应的层次中。所属层次包括客户层和组件、Web 层和组件、Business 层和组件、企业信息系统层。

Java EE 的主要内容是针对各种框架的学习，如实现对象关系映射的 ORM 框架、对传统 Servlet 组件再封装的 Spring MVC 框架等。

MVC 框架对应如下两种设计模式。

（1）Observer 模式。观察者对象的状态能随着目标对象状态的改变而改变，并不需要知道目标对象的具体细节。

（2）Composite 模式。MVC 用类 View 的子类 CompositeView 来支持视图嵌套。通过抽象机制可以一致地对待容器对象和叶子对象而形成树状结构。组合模式用于处理树状结构，表示具有部分-整体关系的层次结构。

注意：

（1）软件设计模式是对在某种环境中反复出现的问题，以及解决该问题方案的描述，它比框架更抽象。

（2）一个框架中可以包含若干个设计模式。

（3）框架是代码重用，设计模式是设计重用。

（4）组件是特殊的 Java 类，需要在项目配置文件里注册。

3．Android

组件是编写业务逻辑的基本单元，绝大部分可复用的业务逻辑都是在组件里实现的。组件只关心自己的上下文逻辑内要做的事情，不关心自己是谁，以及自己在哪里被执行。基于编程能大大提高软件开发的速度。

Android 是基于组件的编程，分别提供了 Activity（活动组件）、Service 组件（服务组件）、ContentProvider（内容提供者组件）和 BroadcastReceiver（广播接收者组件）四大组件。

通过 IDE 将项目划分成多个业务组件，各个组件间相互独立，并使用 Gradle 工具将开发模式调整为组件模式或集成模式。在组件模式下，可基于单个组件进行编译调试；在集成模式里，可整合所有组件生成最终 APP。

Activity 主线程的 main()被调用后，依次执行 Activity 的 onCreate()、onStart()、onResume()，用户通常在 Activity 的子类中覆写 onCreate 方法，并且在该方法中调用 setContentView()来设置布局。

在使用 Android 异步任务类 AsyncTask 时，把耗时操作放到 doInBackground(Params… params)中，在执行 doInBackground()之前，如果想做一些初始化操作，可以把实现写在 onPreExecute()方法里，当 doInBackground()方法执行完就会执行 onPostExecute()方法。因此，只需要构建 AsyncTask 对象，然后执行 execute()方法即可。

注意： Android 主要采用 MVC 框架和模板方式等模式，用以简化 Android 应用的开发。

习　　题

一、判断题

1. 设计模式的概念最早是针对建筑工程领域的，但同样适用于软件开发领域。
2. 面对抽象编程是面向对象设计的一个核心本质，包括使用抽象类和接口。
3. 每种软件设计模式都对特定问题给出了一种标准的解决方案。
4. 代码的可重用性与是否采用适当的软件设计模式没有关系。
5. 软件设计模式包括模式名称、问题、解决方案和评价等要素。
6. 软件设计模式可划分为类模式和对象模式两大类。
7. 软件体系结构比设计模式的粒度更大，用于定义一个软件系统中主要子系统的结构。

二、选择题

1. 在面向对象软件开发过程中，使用软件设计模式是为了____。
   A．减少创建对象的数量
   B．复用相似问题的解决方案
   C．保证程序速度达到最优值
   D．在非面向对象程序设计中使用面向对象的设计
2. 软件设计模式具有____的优点。
   A．提高系统性能　　　　　　　　B．减少类的数量
   C．减少代码量　　　　　　　　　D．提高软件设计质量
3. 以下关于面向对象设计的叙述中，错误的是____。
   A．高层模块不应该依赖于底层模块　B．抽象不应该依赖于细节
   C．细节可以依赖于抽象　　　　　　D．高层模块无法不依赖于底层模块
4. 在进行面向对象设计时，采用软件设计模式能够____。
   A．复用相似问题的相同解决方案　　B．改善代码的平台可移植性
   C．改善代码的可理解性　　　　　　D．增强软件的易安装性
5. 使用软件设计模式，具有____的优点。
   A．适应需求变化　　　　　　　　B．文档撰写规范
   C．用户界面友好　　　　　　　　D．节约测试时间
6. 下列选项中，都是行为型软件模式的是____。
   A．原型模式、建造者模式和单例模式
   B．组合模式、适配器模式和代理模式
   C．观察者模式、职责链模式和策略模式
   D．迭代器模式、命令模式和桥接模式

三、填空题

1. 软件设计模式根据目的可分为创建型、结构型和_____。
2. 在 GoF 收录的 23 种软件设计模式里，创建型有_____种，结构型有_____种，

行为型有_____种。

3．类模式处理类和子类之间的关系，这些关系通过_____建立，在编译时刻就被确定下来，属于静态的类间关系。

四、简答题

1．什么是软件设计模式？它包含哪些基本要素？
2．分别寻求 1.1.3 节提出的多个软件问题的解决方案。
3．简述基于模式开发与基于组件开发的区别与联系。
4．简述学习设计模式的意义。

第 2 章 UML 类图及类间关系

软件开发的历史就是软件规模逐渐扩大的历史。最初，少数几个人就可以编写小的程序，但软件规模很快就变得让他们无法应付。为了解决软件危机，业界广泛使用统一建模语言（Unified Modeling Language，UML）。UML 融入了软件工程领域的新思想、新方法和新技术，使软件设计人员沟通更简明，可进一步缩短设计时间，以减少开发成本。本章学习要点如下：

- 掌握 UML 的定义及发展简史；
- 掌握使用 UML 建模的方法；
- 掌握常用的类间关系及其类图表示。

2.1 UML 概述

2.1.1 UML 定义及发展简史

1. UML 定义

若没有统一的公式符号，则很难想象数学能发展。同样，若没有统一的五线谱，则很难想象音乐的交流。在设计软件时，应使用设计软件蓝图的可视化建模语言（UML）。

UML 是一种标准的图形化建模语言。它为软件开发的所有阶段提供模型化和可视化支持，具有简单、统一、图形化、能表达软件设计中的动态与静态信息等特点，具体表现在如下几个方面：

（1）使用模型可以加强人员之间的沟通；
（2）使用模型可以更早地发现错误或疏漏的地方；
（3）使用模型可以获取设计结果；
（4）模型为最后的代码生成提供依据。

注意：

（1）UML 不同于普通的程序设计语言，其目的是能够使 IT 人员进行程序设计的建模。
（2）UML 不是工具或知识库的规格说明，而是建模语言的规格说明。
（3）UML 虽然不是过程，也不是方法，但是允许任何一种过程和方法使用它。

2. UML 发展简史

20 世纪 70 年代中期，美国国防部曾专门研究软件工程做不好的原因，结果发现 70%的失败项目是由于管理中存在瑕疵引起的，而并非技术性的原因，进而得出一个结论，即管理是影响软件研发项目全局的因素，而技术只影响局部。

1995年，Grady Booch（格雷迪·布奇）、James Rumbaugh（詹姆斯·朗博）和Ivar Jacobson（伊万·雅各布森）三位面向对象领域的方法学家共同为创建一种标准的建模语言而一起工作，他们将开发出来的产品名称定为统一建模语言（Unified Modeling Language，UML）。1997年11月，对象管理组织（Object Management Group，OMG）通过了UML1.1版本，从此，UML成为业界标准的建模语言。2003年6月，OMG技术会议正式通过UML 2.0版本。

2.1.2 UML建模技术的应用

UML融入了软件工程领域的新思想、新方法和新技术，使软件设计人员沟通更简明，可进一步缩短设计时间，以减少开发成本。UML的应用领域很宽，不仅适用于一般系统的开发，而且适用于并行与分布式系统的建模。

UML的目标是以面向对象图的方式来描述任何类型的系统，具有很宽的应用领域，其中最常用的是建立软件系统的模型，同样它也可以用于描述非软件领域的系统，如机械系统、企业机构或业务过程，以及处理复杂数据的信息系统、具有实时要求的工业系统或工业过程等。总之，UML是一个通用的标准建模语言，可以对任何具有静态结构和动态行为的系统进行建模。

UML适用于系统开发过程中从需求规格描述到系统完成后测试的不同阶段。在需求分析阶段，可以通过用例来捕获用户需求。用例建模可以描述对系统感兴趣的外部角色及其对系统（用例）的功能要求。分析阶段主要关心问题域中的主要概念（如抽象、类和对象等）和机制，需要识别这些类及它们相互间的关系，并用UML类图来描述。为实现用例，类之间需要协作，这可以用UML动态模型来描述。在分析阶段，只对问题域的对象（现实世界的概念）建模，而不用考虑定义软件系统中技术细节的类（如处理用户接口、数据库、通信和并行性等问题的类）。这些技术细节将在设计阶段引入，因此设计阶段为构造阶段提供了更详细的规格说明。

编程（构造）是一个独立的阶段，其任务是用面向对象编程语言将来自设计阶段的类转换成实际的代码。在用UML建立分析和设计模型时，应尽量避免考虑把模型转换成某种特定的编程语言。因为在早期阶段，模型仅仅是理解和分析系统结构的工具，过早考虑编码问题并不利于建立简单正确的模型。

UML模型还可作为测试阶段的依据。系统通常需要经过单元测试、集成测试、系统测试和验收测试。不同的测试小组使用不同的UML图作为测试依据：单元测试使用类图和类规格进行说明；集成测试使用部件图和合作图；系统测试可通过用例图来验证系统的行为；验收测试由用户进行，以验证系统测试的结果是否满足在分析阶段确定的需求。

总之，UML适用于以面向对象技术来描述任何类型的系统，而且适用于系统开发的不同阶段，从需求规格描述直至系统完成后的测试和维护。

注意：UML从目标系统的不同角度出发，可以分别定义用例图、类图、对象图、状态图、活动图、时序图、协作图、构件图、部署图共9种，本章主要学习类图。

2.2 UML 类图

2.2.1 使用 UML 表示类

在 UML 类图中，类使用一个带 2 个分隔线的矩形来表示，分为 3 个组成部分，如图 2.2.1 所示。

（1）类名：每个类都必须有一个名字，类名是一个字符串。

（2）特性（Attributes）：字段或属性，即类的成员变量。类可以有任意多个字段或属性，也可以没有字段或属性。

（3）操作（Operations）：方法或行为，是类的任意一个实例都可以使用的方法或行为，操作是类的成员方法（类的构造方法除外，因为它是用于创建类实例的）。

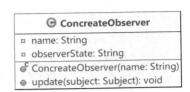

图 2.2.1 使用 AmaterasUML 插件绘制的 UML 类图

注意：不同的 UML 建模工具所绘制的类图略有差异，本书在 Eclipse 中使用 AmaterasUML 插件进行绘制。

2.2.2 UML 类图绘制软件

1. AmaterasUML 插件

打开 Eclipse→Help→Install New Software→Add，出现安装新软件对话框。在文本框里输入 https://takezoe.github.io/amateras-update-site，即可完成 AmaterasUML 插件的安装。

注意：由于是从国外的站点下载，有些网络（如中国电信网络）可能无法下载，可以将相关依赖 .jar 包直接复制到 Eclipse 的 plugins 文件夹中，参见本章实验。

在 Eclipse 中新建类图时，需要在新建对话框里选择 Class Diagram 选项，如图 2.2.2 所示。

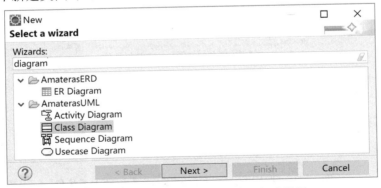

图 2.2.2 使用 AmaterasUML 插件创建类图

注意：使用 AmaterasUML 插件绘制类图文件的扩展名为 .cld。

2. Microsoft Visio

2000 年 1 月，微软公司收购了原 Visio 公司推出的 Visio 软件，并和 Microsoft Office 一起发行。Microsoft Visio 2003 的新建菜单如图 2.2.3 所示。

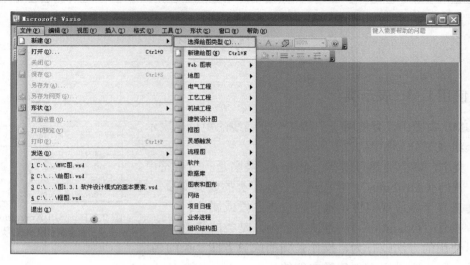

图 2.2.3　Microsoft Visio 2003 的新建菜单

Microsoft Visio 负责绘制流程图和示意图，可便于用户对复杂信息、系统和流程进行可视化处理、分析和交流。使用 Microsoft Visio 图表可以促进用户对系统和流程的了解，深入分析复杂信息并利用这些知识做出更好的业务决策。

注意：Microsoft Visio 编辑的文件扩展名为.vsd。

3．ProcessOn

ProcessOn 是一个在线制图工具的聚合平台，它可以在线画流程图、思维导图、UI 原型图、UML、网络拓扑图、组织结构图等。

用户无须担心下载和更新的问题，无论是 Windows 系统还是 Mac 系统，一个浏览器就可以随时随地进行设计工作。网站 https://www.processon.com 的主页效果如图 2.2.4 所示。

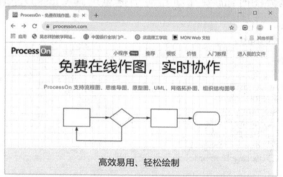

图 2.2.4　网站 https://www.processon.com 的主页效果

注意：
（1）首次使用，需要进行用户注册。
（2）使用文件菜单可以导出不同的图片格式。

2.2.3　AmaterasUML 插件的使用

AmaterasUML 的工作界面是可分组提供绘制类图的工具，如图 2.2.5 所示。

第 2 章　UML 类图及类间关系

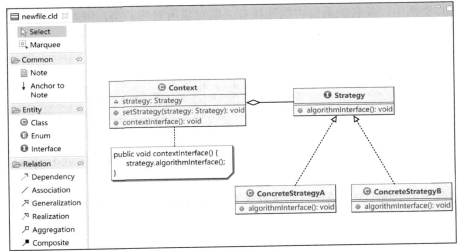

图 2.2.5　AmaterasUML 的工作界面

（1）Entity 工具用于创建实体（类和接口），分别使用字母 C 和 I 表示。对于不同特性的实体成员（指属性和方法所使用的修饰符），将使用不同的图标修饰。

（2）Relation 工具用于建立实体之间的联系。

（3）Common 工具用于创建注释。在图 2.2.5 中有一个缺角的矩形就是对类方法的注释。

注意：

（1）拖曳项目中 Java 类（文件）至绘图工作区，可自动产生类图。

（2）增加或删除实体、编辑实体项和实体联系时，使用快捷菜单较为方便。

2.3　类间关系及其 UML 类图表示

在软件系统中，类与类之间存在不同的关系，UML 提供了不同的表示方式。类图用于描述系统中所包含的类及其相应关系。类图是系统分析和设计阶段的重要产物，也是系统编码的重要模型依据。使用 UML 类图表示类间的 4 种基本关系，如图 2.3.1 所示。

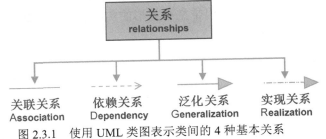

图 2.3.1　使用 UML 类图表示类间的 4 种基本关系

2.3.1　关联关系

关联关系（Association）是类与类之间最常用的一种关系。它是一种结构化关系，用于表示一类对象与另一类对象之间的有（has a）联系。

在使用 C#、C++和 Java 等编程语言中，关联关系通常是将一个类的对象作为另一个类的属性。

在 UML 类图中，关联关系用实线连接有关联对象所对应的类。例如，人骑自行车上班，可建立具有关联关系的两个类为 Person 和 Bicycle，如图 2.3.2 所示。

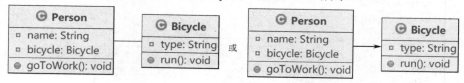

图 2.3.2　关联关系类图

其中，类 Person 包含 Bicycle 类型的字段变量 bicycle，即 Person 关联 Bicycle。

注意：

（1）使用 AmaterasUML 插件绘制关联关系的方法是，选择 Relation 的 Association 工具。

（2）为了更好地表示关联关系的方向，有些类图软件使用带箭头的直线。AmaterasUML 省略了箭头。

（3）Company 通常会包含 List<Employee>类型的成员变量，即 Company 关联 Employee。

特别地，一个类允许建立自身关联，如表示单链表中的结点类，如图 2.3.3 所示。

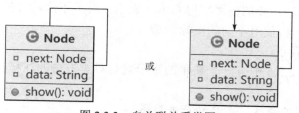

图 2.3.3　自关联关系类图

其中，类 Node 包含自身类型（Node）的字段变量 next。

注意： 使用 AmaterasUML 插件绘制类的自关联的方法是，先选择 Relation 选项里的 Association 工具，然后双击类名。

表示整体与部分的关联关系时，可以使用聚合关系或组合关系。

1. 聚合关系

聚合关系（Aggregation）是特殊的关联关系，表现如下。

（1）当前类对象与成员对象是整体与部分的关系；

（2）成员对象可以脱离整体对象而独立存在；

（3）在代码实现时，成员对象可通过构造器或 setter 方法注入。

UML 类图表示聚合关系时，使用带空心菱形的实线表示。例如，类 Car 与 Engine（引擎）就是聚合关系，如图 2.3.4 所示。

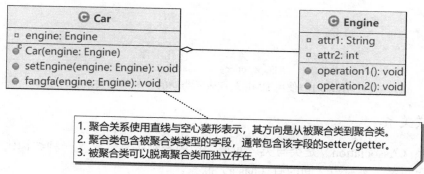

图 2.3.4　聚合关系类图

2．组合关系

组合关系表示类之间整体和部分的关系，其中整体类可控制成员类的生命周期，部分对象与整体对象之间具有同生共死的关系。

组合关系也是特殊的关联关系，表现如下。

（1）当前类对象与成员对象是整体与部分的关系；

（2）成员对象与整体对象具有统一的生存期，当整体对象消亡时，成员对象也会消亡；

（3）代码实现时，成员对象可在整体类声明或构造方法中实例化。

在 UML 类图中，组合关系用带实心菱形的直线表示。类 Head 与 Mouth 是组合关系，如图 2.3.5 所示。

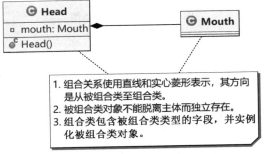

图 2.3.5　组合关系类图

2.3.2　依赖关系

依赖关系（Dependency）是指两个事物之间的一种语义关系，表示一个事物发生变化时会影响另一个事物。

依赖关系通常是一种使用关系，为临时性的关联。在代码中，依赖关系是通过定义被依赖类类型的局部变量、方法参数及返回值类型等方式来体现的。

注意：关联关系使用成员变量（全局变量），而依赖关系使用局部变量。

在 UML 类图中依赖关系用带箭头的虚线表示，箭头从使用类指向被依赖的类。例如，人使用手机打电话，类 Person 对 Phone 是依赖关系，如图 2.3.6 所示。

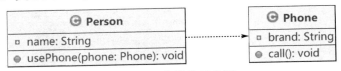

图 2.3.6　依赖关系类图

其中，类 Person 定义方法 usePhone() 的参数 phone 是 Phone 类型。

2.3.3　泛化关系

泛化关系（Generalization）即继承关系，也称 "is-a" 关系。泛化关系用于描述父类与子类之间的关系，父类又称基类或超类，子类又称派生类。

在代码实现时，可使用面向对象的继承机制来实现泛化关系。如在 Java 语言中使用 extends 关键字；在 C++、C# 中使用冒号 "：" 来实现。

UML 类图的泛化关系用带空心三角形的直线来表示。抽象类 AbstractClass 与其子类

ConcreteClass 就是泛化关系，如图 2.3.7 所示。

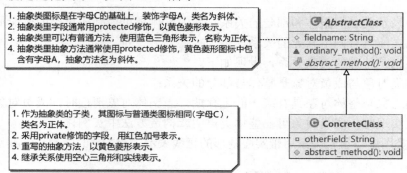

图 2.3.7　泛化关系类图

2.3.4　实现关系

实现关系（Realization）是指接口与实现类之间的实现关系，可实现接口中所声明的抽象方法。

在 Java 语言中用关键字 implements 来表示实现关系。

在 UML 类图中用带空心三角形的虚线来表示实现关系。接口 Product 与其子类 ConcreteProductA 是实现关系，Product 与其子类 ConcreteProductB 是实现关系，如图 2.3.8 所示。

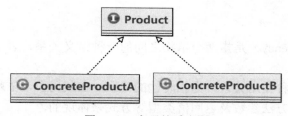

图 2.3.8　实现关系类图

习 题

一、判断题

1. 在 Eclipse 里绘制类图，需要安装 AmaterasUML 插件。
2. 在 UML 类图中依赖关系用带箭头的实线表示，由依赖方指向被依赖方。
3. 在各种类间关系中，联系强度最弱的是组合关系，最强的是依赖关系。
4. 在聚合或组合关系中，一个类包含另一个类的类型字段。
5. 泛化关系用于描述父类与子类之间的关系。
6. 在 UML 关系中，组合与聚合关系都是表示整体与部分的关系，它们没有任何区别。

二、单选题

1. 业界标准的建模语言是____。
   A．Rose   B．UML
   C．Microsoft Visio   D．ProcessOn
2. 在下列类间关系中，____是一般与特殊的关系，使子元素共享其父元素的结构和行为。
   A．关联   B．依赖
   C．泛化   D．实现
3. 若类 A 仅在其方法 method1 中定义并使用了类 B 的一个对象，其他部分的代码都不涉及类 B，那么类 A 与类 B 的关系为____。
   A．继承   B．依赖
   C．聚合   D．组合
4. 继承反映了类间的一种层次关系，而____反映了一种整体与部分的关系。
   A．组合   B．关联
   C．多态   D．依赖
5. 关于聚合与组合关系，以下说法中不正确的是____。
   A．组合与聚合关系都是表示整体与部分的关系，在使用上没有区别
   B．聚合关系中的成员类是整体类的一部分，成员对象可以脱离整体对象独立存在
   C．组合关系中成员对象需要在整体类声明时或构造方法中实例化
   D．组合关系中部分对象和整体对象具有统一的生存期

三、填空题

1. 聚合和_____是特殊的关联关系。
2. UML 类图中表示实现关系和继承关系的符号都有箭头，其差别是实现关系使用虚线，而继承关系使用_____。
3. 当类 A 使用 B 类型的对象作为类成员变量时，称 A_____B。
4. 如果类 A 的方法返回值类型是类 B，则称类 A_____类 B。

实　验

一、实验目的

1. 掌握 AmaterasUML 插件的安装方法。
2. 掌握使用 AmaterasUML 插件绘制类图（类间关系）的方法。

二、实验内容及步骤

【预备】访问上机实验网站 http://www.wustwzx.com/javaee/index.html，下载本章实验内容的案例，解压后得到文件夹 ch02。

1. Eclipse 插件 AmaterasUML 的安装

（1）使用 Eclips 的 Help 菜单，选择 Install New Software→Add。在出现的输入框中输入 https://takezoe.github.io/amateras-update-site，依次选择 Select All、Next 和 Accept 选项。

（2）安装完成后，需要重启 Eclipse。如果因网络原因（如电信网络）无法正常安装，可将文件夹 ch02/AmaterasUML_1.3.5 里的 5 个.jar 文件复制到 eclipse/plugins 里，然后重启 Eclipse。

（3）在 Eclipse 里，通过在新建文件对话框中输入搜索关键字 diagram 的方式，新建类图文件。

2. AmaterasUML 的基本使用

（1）在 Eclipse 中导入案例项目 sy0_introduce。
（2）查看包 browser 里文件 ImageBrowser.java 所包含的类之间的关系。
（3）在新建文件对话框中选择 Other 选项后，再选择 Class Diagram 选项。
（4）把一个 Java 类拖曳到.cld 文件视图中，AmaterasUML 将自动生成对应的类图。
（5）双击类图中的类名，可删除类名前面的包名。
（6）使用快捷菜单，可完成属性和方法的增加、删除和修改等操作。
（7）对类方法进行注释。

3. 使用 AmaterasUML 插件绘制包含类间关系的类图

（1）在 Eclipse 中导入案例项目 sy1_UML。
（2）查看表示关联关系（含自关联）的类图及源码后，可自行设计。
（3）查看表示聚合关系的类图及源码后，可自行设计。
（4）查看表示组合关系的类图及源码后，可自行设计。

三、实验小结及思考

（总结关键的知识点、上机实验中遇到的问题及其解决方案。）

第 3 章 面向对象设计原则

人们在软件应用中总结出许多宝贵的经验，经过归纳整理形成了若干个设计原则。设计原则是解决问题的基本思路，本章学习要点如下：
- 理解开闭原则是设计模式的基本原则；
- 掌握里氏代换原则和依赖倒置原则的要点；
- 掌握合成-聚合复用原则、单一职责原则、迪米特法则和接口隔离原则的要点。

3.1 面向对象设计原则的概述

面向对象设计原则为支持可维护性复用而诞生，这些原则蕴含在很多设计模式中，它们是从许多设计方案中总结出的指导性原则。设计原则也是学习软件设计模式（以下简称设计模式）的基础，每种设计模式都会符合若干设计原则。

面向对象的设计原则如表 3.1.1 所示。

表 3.1.1 面向对象的设计原则

名　　称	简　　介	重　要　性
开闭原则	软件实体对扩展是开放的，但对修改是关闭的，即在不修改软件实体的基础上扩展其功能	★★★★★
依赖倒置原则	针对抽象层编程，而不应针对具体类编程	★★★★★
里氏代换原则	所有引用基类的地方必须能透明地使用其子类对象。或者说，一个可以接受基类对象的地方必然可以接受一个子类对象	★★★★★
合成-聚合复用原则	在系统中应尽量多地使用组合和聚合的关联关系，少使用甚至不使用继承关系	★★★★
单一职责原则	类的职责要单一，不能将太多的职责放在一个类中	★★★★
迪米特法则	一个软件实体对其他实体的引用应越少越好。或者说，如果两个类不必彼此直接通信，那么这两个类就不应当发生直接的相互作用，而是通过引入一个第三者发生间接交互	★★★
接口隔离原则	使用多个专门的接口来取代一个统一的接口	★★

注意：
（1）设计模式是针对重复出现的相似问题的解决方案。
（2）开闭原则是面向对象设计的根本原则，也是一个目标，并没有指明任何手段，而其他原则则是实现开闭原则的手段。

3.2 开闭原则

开放封闭原则（Open-Closed Principle，OCP）简称开闭原则，是指一个软件实体应当对扩展开放、对修改关闭，即在设计一个模块时，应当使这个模块能在不被修改的前提下进行扩展。它是面向对象的可复用设计的基石。

随着软件规模的扩大，软件维护成本也变得越来越高。当软件系统需要面对新的需求时，应该尽量保证系统的设计框架是稳定的。那么如何判断软件设计水平的优劣呢？

（1）是否僵硬、难以应对改变。
（2）是否脆弱、改动一处就会影响其他无关地方。
（3）是否难以重用。
（4）是否存在不必要的重复。
（5）是否包含没有用的过度设计。
（6）是否很难阅读和理解，无法表达开发者的设计意图。

如果一个软件设计符合开闭原则，就可以非常方便地对系统进行扩展，而且在扩展时无须修改现有代码，使软件系统在拥有适应性和灵活性的同时，具备较好的稳定性和延续性。

注意：

（1）在开闭原则的定义中，软件实体可以指一个软件模块、一个由多个类组成的局部结构或一个独立的类。

（2）实现开闭原则的优点在于可以在不改动原有代码的前提下实现程序的扩展功能，既增加了程序的可扩展性，也降低了程序的维护成本。

为了满足开闭原则，需要对系统进行抽象化设计，抽象化是开闭原则的关键。在 Java 和 C#等编程语言中，可以为系统定义一个相对稳定的抽象层，将不同的行为移至具体的实现层中完成。

很多面向对象编程语言都提供了接口、抽象类等编程机制，可以先通过它们定义系统的抽象层，再通过具体类来进行扩展。修改系统时，无须对抽象层进行任何改动，通过增加具体类就可以实现在不修改已有代码的基础上扩展系统的功能，以达到开闭原则的要求。

本书将在第 4 章中介绍的工厂模式（工厂方法模式）就符合开闭原则。

3.3 依赖倒置原则

依赖倒置原则（Dependency Inversion Principle，DIP）是指抽象不应该依赖于具体类，而具体类应该依赖于抽象，即应针对接口编程，而不是针对实现编程。

依赖倒置原则要求在程序代码中传递参数时或在关联关系中，应尽量引用层次高的抽象层类，即使用接口和抽象类进行变量类型声明、参数类型声明、方法返回类型声明，以及数据类型的转换等，而不要用具体类来做这些事情。

注意： 倒置概念是相对于建筑用语而言的，DIP 原则表达了高层不应依赖于低层。

为了确保该原则的应用，一个具体类应只实现接口或抽象类中声明过的方法，而不要给出多余的方法。否则，将无法调用子类中新增的方法。

在引入抽象层后系统可具有很好的灵活性，因此在程序中使用抽象层进行编程时，可将具体类名称写在配置文件中。如果系统行为发生变化，则只需要对抽象层进行扩展，并修改配置文件，而无须修改原有系统的源代码即可实现在不修改的情况下扩展系统功能，以满足开闭原则的要求。

通过抽象来搭建框架，建立类和类的关联，以减少类间的耦合性。以抽象搭建的系统要比以具体实现搭建的系统更加稳定，且扩展性更高，同时也便于维护。

使用接口和抽象类进行变量类型声明、参数类型声明、方法返回类型声明，以及数据类型的转换等，而不是使用具体的类。在需要时，可将具体类的对象通过依赖注入（Dependency Injection，DI）的方式注入其他对象中。

注意：依赖注入是 Spring 框架的核心功能。

3.4 里氏代换原则

里氏代换原则（Liskov Substitution Principle，LSP）是以提出者 Barbara Liskov 的名字命名的，它要求所有引用基类的地方必须能透明地使用其子类的对象，其原始定义如下。

如果对每一个类型为 T1 的对象 o1，都有类型为 T2 的对象 o2，当 T1 定义的程序 P 中所有的对象 o1 都代换成 o2 时，程序 P 的行为并不发生变化，则称类型 T2 是类型 T1 的子类型。

简单地说，一个程序 P(T1)，如果将 T1 替换为 T2 后，结果为 P(T1) = P(T2)，则称 T2 是 T1 的子类型。

注意：透明就意味着不感知，不受任何影响。

里氏代换原则要求在一个软件系统中，子类可以替换任何基类，且代码还能正常工作。

里氏代换原则是继承复用的基石。只有当子类可以替换父类，且软件单位的功能不受影响时，父类才能真正被复用，而子类也能够在基类的基础上增加新的行为。

里氏代换原则说明，在软件中将一个基类对象替换成其子类对象，程序将不会产生任何错误和异常，反过来则不成立。即一个软件实体能够使用一个子类对象，却不一定能够使用基类对象。例如，我喜欢动物，那我一定喜欢狗，因为狗是动物的子类。但是，我喜欢狗，不能据此断定我喜欢动物。因为我并不喜欢老鼠，尽管它也是动物。

再如有两个类，一个是 BaseClass 类，另一个是 SubClass 类，并且 SubClass 类是 BaseClass 类的子类。如果一个方法 method 可以接受一个 BaseClass 类型的基类对象 base 为参数，那么它必然可以接受一个 BaseClass 类型的子类对象 sub，即参数 method(sub)能够正常运行。反过来，这种代换就不一定能成立。

里氏代换原则是实现开闭原则的重要方式之一。由于使用基类对象的地方都可以使用子类对象，因此，在类方法设计时，方法参数应尽量使用抽象类型（接口或抽象类）。

3.5 合成-聚合复用原则

合成-聚合复用原则（Composite/Aggregate Reuse Principle，CARP）是指在一个新的对象里使用一些已有的对象，使之成为新对象的一部分；新的对象通过向这些对象委派以达到复用的目的。应首先使用合成-聚合功能，它能使系统变得灵活，其次再考虑继承，以达到复用的目的。

针对 1.1.3 节提出的问题——庞大的跨平台图像浏览系统，如果使用合成-聚合复用原则，可实现两个维度的独立变化，以解决类继承引起的类爆炸问题。改写后的代码如下：

```java
package crp;
interface Image{    //图像接口
    public String parseMatrix();   //抽象的解析方法
}
abstract class OS{    //操作系统抽象类
    private Image image;    //聚合
    public Image getImage() {
        return image;
    }
    public void setImage(Image image) {
        this.image = image;
    }
    abstract public void show();   //抽象方法
}
class BMPImage implements Image{
    //实现接口方法
    public String parseMatrix() {
        return "按 BMP 格式解析";
    }
}
class JPGImage implements Image{
    //实现接口方法
    public String parseMatrix() {
        return "按 JPG 格式解析";
    }
}
class WindowsOS extends OS{
    @Override
    public void show() {
        System.out.println("在 Windows 环境下显示"+super.getImage().parseMatrix()+"图像文件");
    }
}
public class ImageBrowser2 {    //客户端
    public static void main(String[] args) {
        //面向抽象编程，两个维度可以独立变化
        Image image = new BMPImage();
        OS os = new WindowsOS();
        os.setImage(image);    //搭桥
        os.show();
```

```
        }
    }
```

注意：

（1）从纵向考虑：抽象类 OS 包含 WindowsOS 等子类，接口 Image 包含 BMPImage 等实现类。从横向考虑：OS 聚合接口包含 Image 类型的对象。

（2）OS 的子类（如 WindowsOS）在重写基类的抽象方法时，调用了聚合对象的方法。

（3）新增（或删除）抽象类的子类或接口的实现类，对已有的类没有任何影响。

（4）客户端代码可以任意使用 OS 的子类和 Image 的实现类。

3.6 单一职责原则

单一职责原则（Single Responsibility Principle，SRP）是指一个类最好只做一件事，只有一个引起变化的原因。

单一职责强调的是职责的分离。如果一个类承担的职责过多，即把这些职责耦合在一起，就会削弱或抑制这个类完成其他职责的能力。这种耦合会导致脆弱的设计，在一定条件下，设计会遭受意想不到的破坏。

一个未使用单一职责原则的程序如下：

```
package singleresponsibility0;
public class UnSingleResponsibility {    //客户端
    public static void main(String[] args) {
        Vehicle vehicle = new Vehicle();
        vehicle.run("汽车");
        vehicle.run("飞机");        //运行时产生逻辑错误
        vehicle.run("轮船");        //运行时产生逻辑错误
    }
}
class Vehicle{    //交通工具
    public void run(String v){    //违反单一原则
        System.out.println(v+"在公路上行驶...");
    }
}
```

运行结果会出现飞机和轮船在公路上行驶的逻辑错误，是因为类 Vehicle 的职责太宽泛。对上面问题的改进措施是，将交通工具划分为 3 种不同的类型，相应的代码如下：

```
package singleresponsibility1;
public class SingleResponsibility {    //客户端
    public static void main(String[] args) {
        new RoadeVehicle().run("汽车");
        new AirVehicle().run("飞机");
        new WaterVehicle().run("轮船");
    }
}
class RoadVehicle{
```

```java
    public void run(String s) {
        System.out.println(s+"在公路上行驶...");
    }
}
class AirVehicle{
    public void run(String s) {
        System.out.println(s+"在空中飞行...");
    }
}
class WaterVehicle{
    public void run(String s) {
        System.out.println(s+"在水上行驶...");
    }
}
```

坚持单一职责原则的优点如下所述。
（1）可降低类的复杂性。实现每项职责都有清晰明确的定义。
（2）由于复杂性降低，可读性自然就提高了。
（3）随着可读性的提高，维护自然就容易了。
（4）可降低变更引起的风险。系统的扩展对已有的类没有影响。

3.7　迪米特法则

迪米特法则（Principle of Least Knowledge，PLK）是指一个软件实体应当尽可能少地与其他实体发生相互作用。

迪米特法则又叫最少知道原则，来自1987年美国东北大学（Northeastern University）的一个名为Demeter的研究项目。通俗地说，就是一个类对自己依赖的类知道得越少越好。对于被依赖的类来说，无论逻辑多么复杂，都应将逻辑封装在类的内部，对外除了提供public方法，不对外泄露任何信息。

迪米特法则还有一个更简单的定义，即只与直接的朋友通信。一个对象如果能满足下列条件之一，就是当前对象的"朋友"，否则就是"陌生人"。
- 当前对象（this）;
- 以参量形式传入当前对象方法中的对象；
- 当前对象的实例变量直接引用的对象；
- 当前对象的实例变量如果是一个聚集，那么聚集中的元素也都是朋友；
- 当前对象所创建的对象。

迪米特法则的示意图如图3.7.1所示。

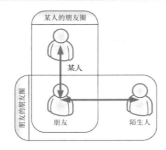

图 3.7.1 迪米特法则的示意图

注意：外观模式（详见 5.1.1 节）和中介者模式（详见 6.9 节）都是迪米特法则的典型应用。其中，外观类角色充当了客户端和子系统间的第三者。

3.8 接口隔离原则

接口隔离原则（Interface Separate Principle，ISP）是指使用多个专门的接口比使用单一的总接口要好。也就是说，一个类对另一个类的依赖性应当建立在最小的接口上。接口隔离原则的根本在于不要强迫客户端程序依赖其不需要使用的方法。

根据接口隔离原则，当一个接口太大时，就需要将它分割成一些小的接口，让使用该接口的客户端仅需知道与之相关的方法即可，每个接口都应承担一种相对独立的角色。

在使用接口隔离原则时，需要注意控制接口的粒度，其接口不能太小，如果太小将会导致系统中接口泛滥，不利于维护。当然接口也不能太大，太大的接口将违背接口隔离原则，其灵活性较差，使用起来很不方便。

注意：
（1）接口隔离原则是对接口而言的，而单一职责原则则是对类而言的。
（2）避免同一个接口内包含不同类型的职责方法。
（3）只有接口责任划分明确，才符合高内聚、低耦合的思想。

习 题

一、判断题

1．一个软件实体如果使用的是一个子类的话，那么一定适用于其父类。
2．实现开闭原则的关键在于抽象化，抽象化是面向对象设计的第一个核心本质。
3．将已有对象注入新对象中，使新对象可以调用已有对象的方法，从而实现行为的复用，这是迪米特法则的体现。
4．根据单一职责原则，一个类最好定义一个方法。
5．在软件中，将一个基类对象替换成其子类对象，程序不会产生任何错误，这是依赖倒置原则的体现。
6．陌生的类最好不要作为局部变量的形式出现在类的内部，这是接口隔离原则的体现。
7．外观模式和中介者模式都体现了迪米特法则的应用。

二、选择题

1．下列叙述中，错误的是____。
　　A．要针对接口编程，不要针对实现编程
　　B．上层模块应该依赖于底层模块的细节
　　C．一个优良的系统设计，应强调模块间保持低耦合、高内聚的关系
　　D．一个软件实体应当对扩展开放，对修改关闭
2．要依赖于抽象，不要依赖于具体类，即要针对接口编程，不要针对实现编程。这体现____设计原则。
　　A．开闭原则　　　　　　　　　　B．接口隔离原则
　　C．里氏代换原则　　　　　　　　D．依赖倒置原则
3．以下关于面向对象设计的描述中，错误的是____。
　　A．抽象不应依赖于细节
　　B．细节可以依赖于抽象
　　C．高层模块不应依赖于低层模块
　　D．高层模块无法不依赖于低层模块
4．下面关于面向对象的描述中，正确的是____。
　　A．针对接口编程，而不是针对实现编程
　　B．针对实现编程，而不是针对接口编程
　　C．接口与实现不可分割
　　D．优先使用继承而非组合，因为组合破坏了封装性
5．在面向对象分析与设计中，____是指子类可以替换父类，并出现在父类能够出现的任何地方。
　　A．开闭原则　　　　　　　　　　B．里氏代换原则
　　C．依赖倒置原则　　　　　　　　D．单一职责原则
6．在迭代器模式中，将数据存储与数据遍历分离。数据存储由聚合类负责，数据遍历由

迭代器负责，这种设计方案是____的具体应用。

  A．依赖倒置原则　　　　　　　B．接口隔离原则
  C．单一职责原则　　　　　　　D．合成-聚合复用原则

三、填空题

1．在面向对象的设计原则中，_____原则是最重要的，能体现软件设计的总体要求。

2．_____设计原则强调对扩展开放，对修改关闭。

3．"不要和陌生人说话"是_____设计原则的通俗表述。

4．_____原则指出：一个类最好只做一件事，只有一个引起变化的原因。本原则强调职责的分离。如果一个类承担的职责过多，就等于把这些职责耦合在了一起。一个职责的变化可能会削弱或抑制这个类完成其他职责的能力。这种耦合会导致脆弱的设计，当变化发生时，设计会遭受意想不到的破坏。

5．_____原则是说高层模块不应该依赖于低层模块，二者都应该依赖于抽象。抽象不应该依赖于细节，细节应该依赖于抽象，要针对接口编程，不要针对实现编程。也就是说，应当使用接口和抽象类进行变量类型声明、参数类型声明、方法返回类型说明，以及数据类型的转换等，而不要用具体类。

实 验

一、实验目的

1. 掌握开闭原则、里氏代换原则和依赖倒置原则及其联系。
2. 掌握单一职责原则和接口隔离原则。
3. 掌握合成-聚合复用原则。
4. 掌握迪米特法则。

二、实验内容及步骤

【预备】访问上机实验网站 http://www.wustwzx.com/jdp/index.html，下载本章实验内容的案例，解压后得到文件夹 ch03。

1．开闭原则、里氏代换原则和依赖倒置原则的案例分析

（1）在 Eclipse 中，导入案例项目 sy2_DesignPrinciple，并选择 Outline 视图。
（2）查看包 no1_ocp_lsp_dip 里文件 Test.java 定义的一个抽象类及其两个子类。
（3）查看主类 Test 中 main()方法测试代码后的运行程序。
（4）验证可任意将 animal 定义为 Dog 或 Cat 类型，程序仍能正常运行。
（5）验证可将抽象类 Animal 改写为接口类型。
（6）验证增加新的子类（或实现类），不必修改已有类或接口，即符合开闭原则。
（7）体会里氏代换原则和依赖倒置原则是实现开闭原则的手段。

2．单一职责原则的案例分析

（1）查看包 no2_singleresponsibility0 里文件 UnSingleResponsibility.java 定义的两个类 UnSingleResponsibility 和 Vehicle。
（2）确认类 Vehicle 的方法 run()定义的职责过多。
（3）依次查看包 no2_singleresponsibility1 里文件 SingleResponsibility.java 定义的 3 个类 RoadVehicle、AirVehicle 和 WaterVehicle，确认其均具有单一职责。
（4）验证新增一个交通工具类，但不需要修改原有类，即符合开闭原则。

3．合成-聚合复用原则的案例分析

（1）查看包 no3_ImageBrowser 里文件 ImageBrowser.java 定义的类及其依赖关系。
（2）分析使用继承可能会引起类的爆炸。
（3）查看包 no2_ImageBrowser2 里文件 ImageBrowser2.java 定义的类及其关系。
（4）验证新增抽象类的子类或接口的实现类，对已有类没有任何影响，并做运行测试。
（5）分析是否坚持了接口隔离原则和迪米特法则。

三、实验小结及思考

（总结关键的知识点、上机实验中遇到的问题及其解决方案。）

第 4 章 创建型设计模式

在 GoF 提出的 23 种设计模式中,包含了工厂方法、抽象工厂、单例、原型和建造者 5 种创建型模式,它们的使用频率由高向低,学习难度由低向高。

创建型设计模式(Creational Design Pattern)(简称创建型模式)能够创建对象,并将对象的创建和对象的使用分离开,因而符合单一职责原则。由于创建型模式封装了对象的创建细节,使客户端无须关心对象的创建细节,从而降低了系统的耦合度,更便于扩展。它符合开闭原则。

创建型模式可划分为类创建型模式和对象创建型模式。在 GoF 的 5 种创建型模式中,只有工厂方法模式属于类创建型模式;而抽象工厂、单例、原型和建造者都属于对象创建型模式。本章学习要点如下:

- 掌握简单工厂模式、工厂方法模式和抽象工厂设计模式的区别与联系;
- 掌握单例模式中饿汉式和懒汉式的使用区别;
- 掌握原型模式中深克隆与浅克隆的使用区别;
- 掌握建造者模式的使用。

4.1 工 厂 模 式

简单工厂模式、工厂方法模式和抽象工厂模式是工厂模式的 3 个兄弟。其中,简单工厂模式是学习其他创建型模式的基础,它不属于 GOF 的 23 种设计模式。

在软件项目中,会涉及不同类型的对象创建,通常将这些对象的配置信息放在一个 XML 配置文件里,应用程序里不再使用运算符 new 创建这些对象,而是由某种容器框架(如 Spring)来管理的。这种方式可降低程序之间的耦合,使系统增加新类进行扩展时,不必修改已有类,只需要修改配置文件即可。

Java 项目通常采用"XML 解析+Java 反射"的方式创建对象,相关内容将在介绍 GoF 设计模式(如工厂方法、抽象工厂、建造者等模式)中介绍。

4.1.1 预备知识:XML 解析与使用 Java 反射创建对象

1. XML 文档与 DOM 解析

XML(eXtensible Markup Language)表示可扩展的标记语言,是一种标准的文件格式。XML 文件以简单的文本格式存储具有树状结构的数据。

XML 文件的首行是固定的,用于声明文档类型。它允许自定义成对出现或自闭的标签,每个标签还可以定义其属性。

一个用于存储数据的 XML 文件示例代码如下：

```xml
<?xml version = "1.0" encoding = "utf-8"?>
<books>
    <book category = "技术类" pages = "235">
        <title>Java 设计模式简明教程</title>
        <authors>
            <author>张凯</author>
            <author>吴志祥</author>
            <author>万春璐</author>
            <author>王磊</author>
        </authors>
    </book>
    <book category = "文学类" pages = "350">
        <title>青春赞歌</title>
        <authors>
            <author>张三</author>
            <author>李四</author>
        </authors>
    </book>
</books>
```

作为 XML 文件，Spring 框架配置文件的示例代码如下：

```xml
<?xml version = "1.0" encoding = "UTF-8"?>
<beans xmlns = "http://www.springframework.org/schema/beans"
    xmlns:xsi = "http://www.w3.org/2001/XMLSchema-instance"
    xsi:schemaLocation = "http://www.springframework.org/schema/beans
    http://www.springframework.org/schema/beans/spring-beans.xsd">

    <!-- 声明 Spring 容器管理的 3 个对象 -->
    <bean id = "man" class = "service.impl.Man"/>
    <bean id = "woman" class = "service.impl.Woman"/>
    <bean id = "studentService" class = "service.StudentService" scope = "prototype">
        <!-- person 为类 StudentService 的属性，为接口类型，ref 表示依赖注入关系 -->
        <property name = "person" ref = "woman"/>
    </bean>
</beans>
```

注意：

（1）XML 文件的标签应区分字母大小写。

（2）正文里的标签具有层次结构，通过标签嵌套实现时，有且仅有一个根元素。

（3）在 Spring 框架配置文件中，使用了标签约束和注释<!-- 注释内容 -->。

（4）在 Spring 框架配置文件中，有些用于创建对象的标签<bean>是自闭的，有些是成对出现的。

（5）在标签<bean>中嵌入标签<property>可完成对象属性的依赖注入。

为了获取 XML 文档中指定结点的数据，可以使用 Java 扩展包提供的 XML 文档解析类。

Java 扩展包 javax.xml.parsers 提供了解析 XML 文档的两个相关类，即 DocumentBuilderFactory 和 DocumentBuilder，它们都是抽象类，其定义如图 4.1.1 所示。

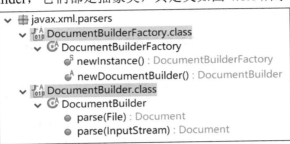

图 4.1.1　解析 XML 文档的两个抽象类

文档对象模型（Document Object Model，DOM）是 W3C 组织推荐的，用来处理可扩展标记语言的标准编程接口。DOM 是一种与平台和语言无关的应用程序接口。

DOM 可根据 XML 的层级结构在内存中分配一个树状结构，把 XML 的标签、属性和文本都封装成对象，一次性加载进内存中，具有易于实现增、删、改操作等优点。

JRE 库里的 rt.jar 文件提供的 org.w3c.dom 软件包，包含了与文档及结点相关的 3 个接口，其定义如图 4.1.2 所示。

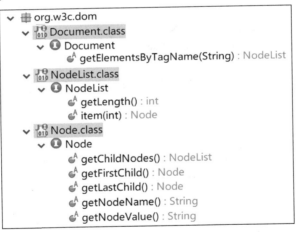

图 4.1.2　解析 DOM 的 3 个接口

其中，Document 表示文档，NodeList 表示结点 Node 列表。NodeList 中的每个 item 都可以通过一个索引来访问，该索引值从 0 开始。

2．Java 反射技术

Java 表示 JVM 里已经加载某个名为 ClassName 的类信息，可以通过创建与该类对应的类类型对象 clazz 获取，其代码如下：

```
Class<?> clazz = Class.forName("ClassName");   //加载类；Class 是泛型类；ClassName 包含包名
```

其中，forName()是 Class 类的静态方法。

Class 类提供了创建返回值类型为 Object 的方法 newInstance()，其代码如下：

```
return clazz.newInstance();     //返回类实例
```

这种对象创建方式称为 Java 反射创建方式。显然，这种根据类名以 Java 反射方式创建的对象具有通用的优点。

3．使用"XML+Java 反射"方式创建对象

在软件开发中，可以先将要创建的对象写在配置文件 config.xml 里，再编写一个用于解析 XML 文件的 Java 工具类 XMLUtil。使客户端程序 Client.java 在读取配置文件后，能以 Java 反射方式创建 XML 文件里指定结点对应的类对象。

注意：

（1）创建不同类型的对象，只需修改配置文件，其具有通用、灵活等特点。

（2）对于返回的 Object 类型对象，可以通过类型强转成为 ClassName 类型的对象。

（3）使用"XML+Java 反射"方式创建对象，可促进松耦合（new 创建方式是强耦合）。

【例 4.1.1】 以"XML+Java 反射"方式创建对象。

在 Eclipse 中，先创建名为 xml_reflection 的包，然后建立名为 config.xml、XMLUtil.java 和 Client.java 的文件。

（1）配置文件 config.xml，存放欲创建对象的类型，其代码如下：

```xml
<?xml version = "1.0"?>
<config>
    <!-- 需要创建对象的类型，类名前是包名 -->
    <className>xml_reflection.BoC</className>
    <className>xml_reflection.CCB</className>
</config>
```

（2）Java 工具类 XMLUtil 能完成 BoC 类和 CCB 类对象的创建，其代码如下：

```java
package xml_reflection;

import java.io.File;
import java.rmi.UnexpectedException;
import javax.xml.parsers.DocumentBuilder;
import javax.xml.parsers.DocumentBuilderFactory;

import org.w3c.dom.Document;
import org.w3c.dom.Node;
import org.w3c.dom.NodeList;
public class XMLUtil {
    //该方法用于从 XML 配置文件中提取具体类的类名，但可能会因配置文件错误产生异常
    public static Object getBean(String bank) {   //根据参数 bank 创建不同类型的对象
        try {
            //创建文档建造者工厂 DocumentBuilderFactory 的实例
            DocumentBuilderFactory dFactory = DocumentBuilderFactory.newInstance();
            //创建文档建造者 DocumentBuilder 实例
            DocumentBuilder builder = dFactory.newDocumentBuilder();
            //创建文档 Document 的实例；Eclipse 环境下普通的 Java 项目；xml_reflection 是包名
            Document doc = builder.parse(new File("src/xml_reflection/config.xml"));

            //获取包含类名的文本结点
            NodeList nl = doc.getElementsByTagName("className");
```

```java
            //获取处于不同结点的类名
            Node classNode = null;
            switch (bank) {
                case "BoC":
                    classNode = nl.item(0).getFirstChild(); //对应类 BoC
                    break;
                case "CCB":
                    classNode = nl.item(1).getFirstChild(); //对应类 CCB
                    break;
                default:
                    throw new UnexpectedException("参数不正确！");
            }
            String cName = classNode.getNodeValue();     //获取类名
            Class<?> clazz = Class.forName(cName);   //加载类；Class 是泛型类
            return clazz.newInstance();     //返回类的实例
        } catch (Exception e) {
            e.printStackTrace();
            return null;
        }
    }
}
```

（3）客户端程序 Client.java 除包含主类 Client 外，还包含类 BoC 和类 CCB，其代码如下：

```java
package xml_reflection;
class BoC{   //中国银行
    //其他代码可以省略
}
class CCB{   //中国建设银行
    //其他代码可以省略
}
public class Client {   //客户端测试程序
    private static Object bean;
    public static void main(String[] args) {
        bean = XMLUtil.getBean("BoC");    //对象成功创建，可转型为 BoC 类型
        System.out.println("对象及标识："+bean);
        System.out.println("对象的 hashcode: "+bean.hashCode());

        System.out.println("========================================");
        bean = XMLUtil.getBean("CCB");    //对象成功创建，可转型为 CCB 类型
        System.out.println("对象及标识："+bean);
        System.out.println("对象的 hashcode: "+bean.hashCode());
        //XMLUtil.getBean("no");    //参数不正确，出现异常
    }
}
```

客户端程序运行结果如图 4.1.3 所示。

```
对象及标识：xml_reflection.BoC@5c647e05
对象的hashcode：1550089733
=======================================
对象及标识：xml_reflection.CCB@33909752
对象的hashcode：865113938
```

图 4.1.3　客户端程序运行结果

注意：XML 只是配置要创建对象的类名称，显然，通过其他方式获取也是可行的。

4.1.2　简单工厂模式

设想不同电视机工厂生产同种电视机产品的情形。定义一个产品接口，可不使用任何设计模式，客户端能够通过输入品牌参数后，直接创建对象并使用，完成后的程序代码如下：

```java
import java.io.BufferedReader;
import java.io.IOException;
import java.io.InputStreamReader;
interface TV {
    public void play();
}
class HaierTV implements TV {
    public void play() {
        System.out.println("海尔电视机播放中...");
    }
}
class HisenseTV implements TV {
    public void play() {
        System.out.println("海信电视机播放中...");
    }
}
public class Client {    //客户端（测试类）
    static TV tv = null;
    static String brand;
    public static void main(String[] args) {
        do {
            brand = getBrand();    //获取电视机品牌
            if (brand.equalsIgnoreCase("Haier")) {
                System.out.println("电视机工厂生产海尔电视机！");
                tv = new HaierTV();    //对象创建，需要知道类名
            } else if (brand.equalsIgnoreCase("Hisense")) {
                System.out.println("电视机工厂生产海信电视机！");
                tv = new HisenseTV();
            } else {
                System.out.println("暂不能生产该品牌的电视机！");
                System.out.println("---------------");
                break;
            }
```

第4章 创建型设计模式

```
            tv.play();    //对象的使用,以及调用的接口方法
            System.out.println("---------------");
        } while (true);
    }
    static String getBrand() {
        try {
            BufferedReader strin = new BufferedReader(new InputStreamReader(System.in));
            System.out.println("请输入电视机的品牌:");
            String str = strin.readLine();
            return str;
        } catch (IOException e) {
            e.printStackTrace();
            return "";
        }
    }
}
```

在上面的程序中,正确输入电视机品牌(Haier 或 Hisense),就能得到相应产品对象,程序运行结果如图 4.1.4 所示。

注意:程序存在的问题如下。

(1)当增加新品种时,需要修改客户端的代码,违反了开闭原则。

(2)在测试类 Client 中,产品创建与使用的职责未分离,违反了单一职责原则,导致创建对象的代码不能复用。

```
请输入电视机的品牌:Haier
电视机工厂生产海尔电视机!
海尔电视机播放中...
---------------
请输入电视机的品牌:abc
暂不能生产该品牌的电视机!
---------------
```

图 4.1.4 程序运行结果

1. 模式动机

在上述软件开发场景中,客户端需要创建和使用不同类型的电视机对象,这些不同品牌的电视机都源自同一个电视机抽象类。客户端只需要知道电视机品牌名称并提供一个调用方法,然后把参数传入就可返回一个相应电视机对象,从而实现电视机对象的创建与使用分离。

2. 模式定义

简单工厂模式(Simple Factory Pattern),即专门定义一个类并提供静态方法来负责创建其他具有共同父类的类的实例,根据静态方法参数的不同而返回不同类的实例。简单工厂模式也称静态工厂方法模式,它属于类创建型模式。

注意:简单工厂模式是最简单的设计模式之一,虽然并不属于 GoF 的 23 种设计模式,但其应用也较为广泛。

3. 模式结构及角色分析

简单工厂模式类图中包含实现关系和依赖关系,如图 4.1.5 所示。

角色 1:抽象产品 Product 为产品的接口。

角色 2:具体产品 ConcreteProduct 为 Product 的实现类。

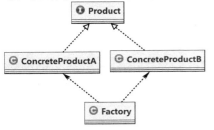

图 4.1.5 简单工厂模式的类图

角色 3：工厂 Factory 可提供创建产品对象的静态方法。
注意：抽象产品 Product 也可以被设计为抽象类，甚至是普通类。此时，ConcreteProduct 应继承 Product。

4．模式实现

（1）在产品接口 Product 中，声明要实现的接口方法。
（2）在具体的产品 ConcreteProduct 类中，使用的接口方法。

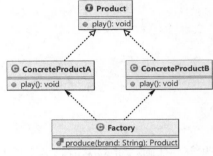

图 4.1.6 简单工厂模式类图示例

【例 4.1.2】使用简单工厂模式，实现电视机工厂的创建与使用。

在抽象产品 Product 里定义接口方法 play()，ConcreteProductA 和 ConcreteProductB 分别作为两个不同品牌的具体产品，在工厂 Factory 里定义一个静态方法 produce(String)。它可根据方法参数的不同，得到不同的具体产品对象。相应的类图如图 4.1.6 所示。

注意：Factory 与 Product 是依赖关系，而不是关联关系。

程序代码如下：

```java
package factory_simple;
interface Product {    //角色1：抽象产品
    public void play();   //电视机应该能播放
}
class ConcreteProductA implements Product {   //角色2：具体产品 ConcreteProductA
    //实现接口方法
    public void play() {
        System.out.println("海尔电视机播放中...");
    }
}
class ConcreteProductB implements Product {   //角色2：具体产品 ConcreteProductB
    //实现接口方法
    public void play() {
        System.out.println("海信电视机播放中...");
    }
}
class Factory {    //角色3：工厂类
    //生产所需产品（某种品牌）的静态方法
    public static Product produce(String brand) throws Exception {
        if (brand.equalsIgnoreCase("Haier")) {   //忽略字母大小写
            System.out.println("电视机工厂生产海尔电视机！");
            return new ConcreteProductA();
        } else if (brand.equalsIgnoreCase("Hisense")) {
            System.out.println("电视机工厂生产海信电视机！");
            return new ConcreteProductB();
        } else {
```

```
            //抛出错误品牌异常
            throw new Exception("暂不能生产该品牌电视机！");
        }
    }
}
public class Client {        //客户端
    public static void main(String[] args) {
        try {
            //下面使用的方法 produceTV()可能产生异常，可更改参数并进行测试
            //Product tv = Factory.produce("Hisense");
            Product tv = Factory.produce("Haier");    //也可以使用参数 Haier
            tv.play();
        } catch (Exception e) {
            System.out.println(e.getMessage());
        }
    }
}
```

5．模式评价

在简单工厂模式中，核心类 Factory 只负责产品的创建（提供静态方法），调用者不必知道产品的创建细节，这符合单一职责原则。如果不使用工厂类，那么调用者不仅需要知道接口，还需要知道其实现类。

简单工厂模式存在的问题：当增加新的产品时，需要修改包含 if 嵌套代码的工厂类（用作测试的 Client 类除外），这不符合 OCP 原则。该问题将在工厂方法模式里得到解决。

4.1.3 工厂方法模式

1．模式动机

简单工厂模式如果需要增加新类型，则需要修改工厂类的代码，这就使整个设计在一定程度上违反了开闭原则。

定义一个抽象工厂类，并在具体工厂类重写该抽象工厂类中定义的抽象方法。抽象化的结果使这种结构可以在不修改已有具体工厂类的情况下引进新的产品，这个特点使工厂方法模式具有超越简单工厂模式的优越性。

2．模式定义

工厂方法模式（Factory Method Pattern）定义一个用于创建对象的接口，可让子类决定实例化哪一个类。

工厂方法模式简称为工厂模式，也叫虚拟构造器模式或多态模式，它属于类创建型模式。

在工厂方法模式中，父类负责定义创建对象的公共接口，而子类负责生成具体的对象，这样做的目的是将类的实例化操作延迟到子类中完成，即由子类来决定究竟应该实例化哪一个类。

3. 模式结构及角色分析

工厂方法模式类图如图 4.1.7 所示。

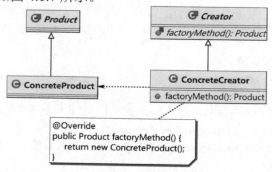

图 4.1.7 工厂方法模式类图

角色 1：抽象产品 Product，它是一个抽象类（或设计为接口），定义了抽象方法。
角色 2：具体产品 ConcreteProduct，它继承 Product 重写了抽象方法。
角色 3：抽象工厂 Creator，它提供了创建产品对象的抽象方法 factoryMethod()。
角色 4：具体工厂 ConcreteCreator，它作为 Creator 的子类，并重写了其抽象方法。
要点：把简单工厂类（可能业务代码庞大）拆分成了一个个具体的工厂类，这些工厂类都继承自同一个抽象类（或设计为实现同一接口）。

4. 模式实现

【例 4.1.3】使用工厂方法模式设计不同品牌的电视机。

不同电视机工厂生产的电视机。电视机工厂充当 Creator 角色，电视机充当 Product 角色，完成后的项目类文件如图 4.1.8 所示。

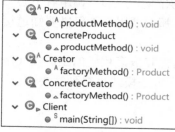

图 4.1.8 项目类文件

程序代码如下：

```java
package factory_method;

abstract class Product {    //角色 1：抽象产品类 Product
    public abstract void play();
}

class ConcreteProduct extends Product{   //角色 2：具体产品 ConcreteProduct
    //实现接口方法
    public void play() {
        System.out.println("海尔电视机播放中...");
    }
}

/*class ConcreteProduct2 extends Product{   //新增产品
    //实现接口方法
    public void play() {
        System.out.println("海信电视机播放中...");
    }
}*/
```

```java
abstract class Creator {    //角色3：抽象工厂 Creator
    public abstract Product factoryMethod();   //电视机工厂生产的电视机
}
class ConcreteCreator extends Creator {    //角色4：具体工厂 ConcreteCreator
    @Override
    public Product factoryMethod() {
        System.out.println("海尔电视机工厂生产的海尔电视机。");
        return new ConcreteProduct();
    }
}

/*class ConcreteCreator2 extends Creator {    //供创建新的产品用
    @Override
    public Product factoryMethod() {
        System.out.println("海信电视机工厂生产的海信电视机。");
        return new ConcreteProduct2();
    }
}*/
public class Client { //客户端
    public static void main(String[] args) {
        try {
            //使用"XML 配置文件+Java 反射"方式
            Creator creator = (Creator) XMLUtil.getBean();   //强制类型转换
            Product product = creator.factoryMethod();   //调用抽象方法
            product.play(); //调用抽象方法
        } catch (Exception e) {
            System.out.println(e.getMessage());
        }
        /*//不使用"XML+Java 反射"方式
        Creator creator = new ConcreteCreator();
        Product product = creator.factoryMethod();
        product.play();*/
    }
}
```

注意：面向抽象编程提高了程序的灵活性。当新增产品时，只需要创建相应的产品类和具体工厂类，并对配置文件做相应的修改，而不需要修改客户端中的创建代码和使用代码。

客户端使用 XML 解析工具类 XMLUtil，提供的静态方法 getBean()是无参数的，其代码如下：

```java
package factory_method;
import java.io.File;
import javax.xml.parsers.DocumentBuilder;
import javax.xml.parsers.DocumentBuilderFactory;
import org.w3c.dom.Document;
import org.w3c.dom.Node;
import org.w3c.dom.NodeList;
```

```java
public class XMLUtil {
    public static Object getBean() {    //方法无参，要求只配置文件的一个类
        try {
            DocumentBuilderFactory dFactory = DocumentBuilderFactory.newInstance();
            DocumentBuilder builder = dFactory.newDocumentBuilder();
            Document doc = builder.parse(new File("src/factory_method/config.xml"));    //eclipse 环境
            NodeList nl = doc.getElementsByTagName("className");
            Node classNode=nl.item(0);    //文本结点
            String cName = classNode.getTextContent();    //获取文本结点的文本内容
            Class<?> clazz = Class.forName(cName);
            return clazz.newInstance();
        } catch (Exception e) {
            e.printStackTrace();
            return null;
        }
    }
}
```

只配置文件 config.xml 的一个类，其代码如下：

```xml
<?xml version = "1.0"?>
<config>
    <!-- 要求只配置一个类 -->
    <className>factory_method.ConcreteCreator</className>
    <!-- <className>factory_method.ConcreteCreator2</className> -->
</config>
```

5．模式评价

工厂方法模式是简单工厂模式的延伸，它继承了简单工厂模式的优点，同时也弥补了简单工厂模式的不足。工厂方法模式是使用频率最高的设计模式之一，是很多开源框架和 API 类库的核心模式。

在工厂方法模式中，使用工厂方法创建客户所需要的产品时，还能向客户隐藏具体产品类被实例化的细节，用户只要关心所需产品对应的工厂，而无须关心创建产品的细节，甚至无须知道产品类的类名。

基于工厂角色和产品角色的多态性设计是工厂方法模式的关键，它使工厂可以自主确定创建何种产品对象，而产品对象的创建细节是完全封装在具体工厂内部的。

增加新产品时，只需增加相应的工厂类并修改配置文件，而不用修改已有类。因此，工厂方法模式符合 OCP 原则。

4.1.4 抽象工厂模式

1．模式动机

在工厂方法模式中，每一个具体工厂只对应生产一种具体的产品，工厂方法模式也具有唯一性。一般情况下，一个具体工厂中只有一个工厂方法模式或一组重载的工厂方法模式。但有时又需要一个工厂提供多个产品对象，而不是单一的产品对象。

2. 模式定义

抽象工厂模式（Abstract Factory Pattern）提供了一个创建一系列相关或相互依赖对象的接口，而无须指定其具体类。

抽象工厂模式（Kit 模式）属于对象创建型模式。

抽象工厂模式中，所有具体工厂生产同一品牌、不同类型的产品，不同工厂生产同类型的产品，如康佳空调和海尔空调都继承于空调这个抽象产品，如图 4.1.9 所示。

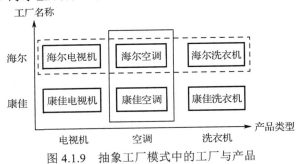

图 4.1.9　抽象工厂模式中的工厂与产品

注意：

（1）如果增加新品牌，即增加一个抽象工厂的子类，则只要相应地增加该工厂生产的产品类即可。因此，抽象工厂模式符合开闭原则（同工厂方法模式）。

（2）如果增加新的产品类型，则需要添加相应的抽象产品及其子类。同时，还需要在抽象工厂里添加新的抽象方法，并在具体工厂中重写新增的抽象方法。因此，抽象工厂模式属于对象创建型模式，且不支持添加新的产品类型。

（3）由于工厂方法模式只有一个产品类型，因此，工厂方法模式是抽象工厂模式的退化。

3. 模式结构及角色分析

在抽象工厂模式类图中，客户端 Client 面向抽象编程可关联某个抽象工厂 AbstractFactory，同时也可关联多个抽象产品 AbstractProductA、AbstractProductB…，如图 4.1.10 所示。

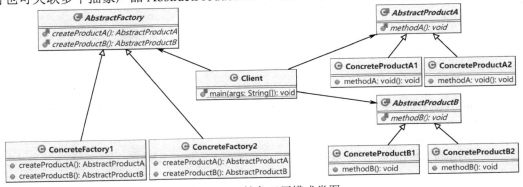

图 4.1.10　抽象工厂模式类图

角色 1：抽象产品 AbstractProduct，它是一个抽象类，定义了抽象方法。

角色 2：具体产品 ConcreteProduct，它继承 AbstractProduct，重写了抽象方法。

角色 3：抽象工厂 AbstractFactory，它是一个抽象类，定义了抽象方法。

角色 4：具体工厂 ConcreteFactory，它继承 AbstractFactory，重写了抽象方法。
要点：客户端 Client 可同时关联抽象工厂 AbstractFactory 和抽象产品 AbstractProduct。

4．模式实现

【例 4.1.4】抽象工厂模式。

设想一个工厂生产多种产品的情形。使用抽象工厂模式完成后的项目类文件，如图 4.1.11 示。

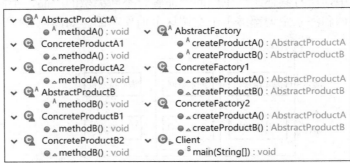

图 4.1.11　项目类文件

一个抽象工厂模式的示例代码如下：

```
package factory_abstract;

abstract class AbstractProductA {    //抽象产品（电视机）
    public abstract void play();    //播放
}

class ConcreteProductA1 extends AbstractProductA {    //具体产品（如海尔电视机）
    @Override
    public void play() {
        System.out.println("海尔电视机播放中...");
    }
}

class ConcreteProductA2 extends AbstractProductA {    //具体产品（如 TCL 电视机）
    @Override
    public void play() {
        System.out.println("TCL 电视机播放中...");
    }
}

/*class ConcreteProductA3 extends AbstractProductA {    //具体产品（Sony 电视机）供扩展用
    @Override
    public void play() {
        System.out.println("Sony 电视机播放中...");
    }
}*/

abstract class AbstractProductB {    //抽象产品（空调）
    public abstract void changeTemperature();    //调温
}

class ConcreteProductB1 extends AbstractProductB {    //具体产品（如海尔空调）
```

```java
        @Override
        public void changeTemperature() {
            System.out.println("海尔空调温度改变中...");
        }
    }
    class ConcreteProductB2 extends AbstractProductB {    //具体产品（TCL 空调）
        @Override
        public void changeTemperature() {
            System.out.println("TCL 空调温度改变中...");
        }
    }
    /*class ConcreteProductB3 extends AbstractProductB {    //具体产品（Sony 空调）供扩展用
        @Override
        public void changeTemperature() {
            System.out.println("Sony 空调温度改变中...");
        }
    }*/
    abstract class AbstractFactory {    //抽象工厂
        public abstract AbstractProductA createProductA();    //生产电视机
        public abstract AbstractProductB createProductB();    //生产空调
    }
    class ConcreteFactory1 extends AbstractFactory {        //具体工厂（海尔）
        @Override
        public AbstractProductA createProductA() {
            System.out.println("海尔工厂生产海尔电视机");
            return new ConcreteProductA1();
        }

        @Override
        public AbstractProductB createProductB() {
            System.out.println("海尔工厂生产海尔空调");
            return new ConcreteProductB1();
        }
    }
    class ConcreteFactory2 extends AbstractFactory {        //具体工厂（TCL）
        @Override
        public AbstractProductA createProductA() {
            System.out.println("TCL 工厂生产 TCL 电视机");
            return new ConcreteProductA2();
        }

        @Override
        public AbstractProductB createProductB() {
            System.out.println("TCL 工厂生产 TCL 空调");
            return new ConcreteProductB2();
        }
    }
```

```java
/*class ConcreteFactory3 extends AbstractFactory {        //具体工厂（Sony）供扩展用
    @Override
    public AbstractProductA createProductA() {
        System.out.println("Sony 工厂生产 Sony 电视机");
        return new ConcreteProductA3();
    }
    @Override
    public AbstractProductB createProductB() {
        System.out.println("Sony 工厂生产 Sony 空调");
        return new ConcreteProductB3();
    }
}*/
public class Client {      //客户端
    public static void main(String args[]) {
        AbstractFactory factory = new ConcreteFactory1();            //创建具体工厂
        AbstractProductA productA = factory.createProductA();        //定义产品族对象
        productA.play();
        AbstractProductB productB = factory.createProductB();        //定义产品族对象
        productB.changeTemperature();
        System.out.println("======================");

        try { // 适当修改配置文件，并运行测试
            factory = (AbstractFactory) XMLUtil.getBean();           //创建具体工厂
            productA = factory.createProductA();
            productA.play();
            productB = factory.createProductB();
            productB.changeTemperature();
        } catch (Exception e) {
            System.out.println(e.getMessage());
        }
    }
}
```

```
海尔工厂生产海尔电视机
海尔电视机播放中...
海尔工厂生产海尔空调
海尔空调温度改变中...
======================
TCL工厂生产TCL电视机
TCL电视机播放中...
TCL工厂生产TCL空调
TCL空调温度改变中...
```

图 4.1.12　抽象工厂模式类图

在 config.xml 中配置另一个具体工厂 ConcreteFactory2 时，抽象工厂模式类图如图 4.1.12 所示。

5．模式评价

抽象工厂模式以实现高内聚、低耦合为设计目的，因而得到了广泛的应用，其优点如下。

（1）抽象工厂模式隔离了具体类的生成，使客户并不需要知道什么被创建。由于这种隔离使更换一个具体工厂变得相对容易。

（2）所有的具体工厂都实现了抽象工厂中定义的公共接口。只需改变具体工厂的实例，就可以在某种程度上改变整个软件系统的行为。

抽象工厂模式的缺点如下。

（1）在添加新的产品对象时难以扩展抽象工厂生产出新种类的产品。这是因为在抽象工厂角色中，规定了所有可能被创建的产品集合。要支持新种类的产品就意味着要对该接口进行扩展，而这将涉及对抽象工厂角色及其所有子类的修改，显然会带来很多不便。

（2）开闭原则的倾斜性（添加新的工厂和产品族容易，但产品等级结构的调整却很麻烦）。

4.2 单例模式及其扩展

4.2.1 单例模式

1．模式动机

对于系统中的某些类来说，有且只能有一个实例。如一个系统只能有一个窗口管理器。系统中可以有许多打印机，但是只能有一个打印机正在工作。如何保证一个类只有一个实例且这个实例易于被访问呢？

注意：由于单例模式负责类的实例创建，且是唯一的。因此，在单例类的外部无法使用运算符 new 创建。否则，该类的实例对象就不是单例。

2．模式定义

单例模式（Singleton Pattern）能够确保一个类只有一个实例，并提供一个全局访问点来访问这个唯一的实例。

单例模式属于对象创建型模式。

3．模式结构及角色分析

单例模式结构很简单，只有一个单例类。它没有泛化和实现关系，只涉及自关联（聚合）关系，如图 4.2.1 所示。

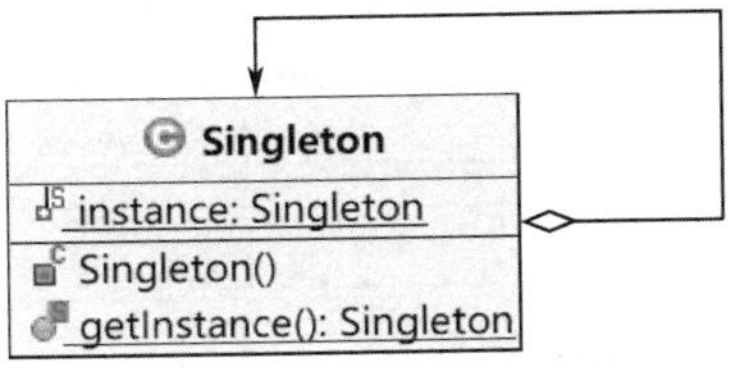

图 4.2.1　单例模式类图

4．模式实现

单例类负责保存其自身唯一实例，保证没有其他实例被创建，并且提供一个访问该实例的方法。具体来说，单例类设计有如下 3 个特点：

（1）提供一个自身类型的静态私有成员变量 instance；
（2）构造函数为私有，以确保在类外无法使用 new 创建实例；
（3）提供一个公有的静态方法 getInstance()，用于获取单例类的实例对象。

注意：在方法 getInstance() 中，应先检查实例的存在性。仅当实例为空时，才能使用运算符 new 实例化对象 instance。

【例 4.2.1】单例模式示例。

程序代码如下：

```
package singleton;
class Singleton {
    private static Singleton instance = null;    //自身类型的静态成员（类属性），即自关联
```

```java
    //定义无参构造方法为私有，并保证在类外不能创建该类的实例
    private Singleton() {
        System.out.println("执行了构造方法。");
    }
    //公有的静态方法 getInstance()用于获取单例类的实例
    public static Singleton getInstance() {
        if (instance == null) {
            instance = new Singleton();   //实例化
            System.out.println("第一次创建实例！");
        } else {
            System.out.println("不再新建对象，直接使用原来的实例！");
        }
        return instance;   //返回对象
    }
}
public class Client {
    public static void main(String args[]) {
        Singleton singleton1,singleton2;   //声明对象
        singleton1 = Singleton.getInstance(); //对象实例化
        System.out.println("singleton1 引用的对象："+singleton1);
        System.out.println("singleton1 引用对象的 Hash 码："+singleton1.hashCode());
        System.out.println("=======================================================");
        singleton2 = Singleton.getInstance();
        System.out.println("singleton2 引用的对象："+singleton2);
        System.out.println("singleton2 引用对象的 Hash 码："+singleton2.hashCode());
        System.out.println("两个引用对象在内存中的 id 相同，因此，它们的 Hash 码相同。反之则不然。");
    }
}
```

程序运行结果，如图 4.2.2 所示。

```
执行了构造方法。
第一次创建实例！
singleton1引用的对象：singleton0.Singleton@7852e922
singleton1引用对象的Hash码：2018699554
=======================================================
不再新建对象，直接使用原来的实例！
singleton2引用的对象：singleton0.Singleton@7852e922
singleton2引用对象的Hash码：2018699554
两个引用对象在内存中的id相同，因此，它们的Hash码相同。反之则不然。
```

图 4.2.2 程序运行结果

【例 4.2.2】身份证办理业务。

采用单例模式应用于身份证的新办和补办业务。将身份证号码封装成一个单例类 IdentityCardNo，使其定义与实例 instance 相对应，将 String 类型的字段 number 共同作为类成员，程序代码如下：

```java
class IdentityCardNo {    //身份证号码
    private static IdentityCardNo instance = null;
    private String number;    //作为类属性
    private IdentityCardNo() {
        System.out.println("======身份证办理==========");
    }
    private void setIdentityCardNo(String no) {    //私有 setter
        this.number = no;
    }
    public String getIdentityCardNo() {    //公有 getter
        return this.number;
    }
    public static IdentityCardNo getInstance() {
        if (instance == null) {
            instance = new IdentityCardNo();    //实例化
            System.out.println("第一次办理身份证，分配新号码！");
            instance.setIdentityCardNo("420122********0033");
        } else {
            System.out.println("补办身份证，获取原来的号码！");
        }
        return instance;    //返回对象
    }
}
public class Client {
    public static void main(String a[]) {
        IdentityCardNo no1, no2;
        no1 = IdentityCardNo.getInstance();
        no2 = IdentityCardNo.getInstance();

        String str1, str2;
        str1 = no1.getIdentityCardNo();
        str2 = no2.getIdentityCardNo();

        System.out.println("第一次号码：" + str1);
        System.out.println();
        System.out.println("第二次号码：" + str2);
    }
}
```

程序运行结果，如图 4.2.3 所示。

5．模式评价

单例模式的优点如下。

（1）提供了对唯一实例的受控访问。

（2）由于系统中只存在一个对象，因此可以节约系统资源。对于一些需要频繁创建和销毁的对象，使用单例模式无疑可以提高系统的性能。

```
======身份证办理==========
第一次办理身份证，分配新号码！
补办身份证，获取原来的号码！
第一次号码：420122********0033
第二次号码：420122********0033
```

图 4.2.3 程序运行结果

（3）允许可变数目的实例。对单例模式进行扩展，并设计指定个数的实例对象，既能节省系统资源，又能解决由于单例对象共享过多有损性能的问题。

单例模式的缺点如下。

（1）由于单例模式没有抽象层，因此，单例类的扩展较难实现。

（2）单例类的职责过重，在一定程度上违背了单一职责原则。这是由于单例模式既提供业务方法，又提供创建对象的方法，将对象功能和创建耦合在一起造成的。

（3）很多面向对象语言的垃圾回收（Garbage Collection，GC）技术，由于实例化的对象长期不使用，系统就会自动销毁并回收内存资源，导致了共享单例对象状态的丢失。

4.2.2 懒汉式单例类、饿汉式单例类与线程安全

1．懒汉式单例类

在前面介绍的单例类设计中，实例 instance 在类加载时并未实例化，而是在第一次使用方法 getInstance()时实例化的，这种方式称为懒汉式。

懒汉式具有节约内存资源的特性，但如果是多线程的应用程序，则不能保证类实例的唯一性，即懒汉式单例类并不是线程安全的。

【例 4.2.3】懒汉式单例类的线程安全性测试及解决方案。

程序代码如下：

```java
package singleton2;
class Singleton {
    //定义一个在程序运行时创建的只读静态对象
    private static Singleton singleton;
    private Singleton(){
    }
    public static Singleton getInstance(){
        //下面的代码是线程不安全的
        /*if(singleton == null) {
            try {
                //为了演示线程的不安全，需要随机休眠一下
                Thread.sleep(new Random().nextInt(1000));   //随机休眠（0.1）秒
                //Thread.sleep(1000);   //可能需要多创建一些子线程
                singleton = new Singleton();   //创建
            } catch (InterruptedException e) {
                e.printStackTrace();
            }
        }
        return singleton;*/
        if(singleton == null){   //加同步锁后的懒汉式代码是线程安全的
            //Singleton.class 表示内存中类 Singleton 类型对象
            synchronized(Singleton.class){   //对静态对象的创建代码上锁
                if (singleton == null){
```

```
                singleton = new Singleton();
            }
        }
    }
    return singleton;
    }
}
class TestSingletonThread implements Runnable{    //线程类
    private Singleton singleton;    //类成员
    //实现接口方法
    public void run() {
        singleton = Singleton.getInstance();
        System.out.println("singleton = "+singleton);    //输出获取的单例对象
    }
}
public class Client {
    public static void main(String[] args) {
        TestSingletonThread r = new TestSingletonThread( );  //创建线程类对象
        Thread t1 = new Thread(r);    //创建一个子线程
        t1.start();    //运行线程
        Thread t2 = new Thread(r);    //再创建一个子线程
        t2.start();    //运行线程
        /*for(int i = 0;i<20;i++) {    //创建 20 个子线程并运行
            new Thread(new TestSingletonThread()).start();
        }*/
    }
}
```

注意：在上面的程序中，如果不使用同步锁代码，程序运行时不同线程中使用的对象 singleton 是不同的（请自行上机验证）。

2．饿汉式单例类

饿汉式单例类模式类图，如图 4.2.4 所示。

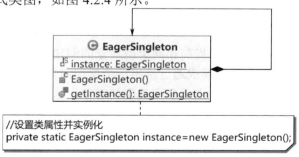

图 4.2.4　饿汉式单例类模式类图

饿汉式单例类在定义私有静态属性时就已经实例化了。

【例 4.2.4】 饿汉式单例类。

程序代码如下：

```java
package singleton3;
class EagerSingleton {    //饿汉式单例类
    private static EagerSingleton instance = new EagerSingleton(); //实例化
    private EagerSingleton() {
        System.out.println("执行了构造方法。");
    }
    public static EagerSingleton getInstance() {
        return instance;   //直接返回类属性（对象）
    }
}
public class Client {
    public static void main(String args[]) {
        EagerSingleton singleton1,singleton2;    //声明对象
        singleton1 = EagerSingleton.getInstance(); //对象实例化
        System.out.println("singleton1 引用的对象："+singleton1);
        singleton2 = EagerSingleton.getInstance();
        System.out.println("singleton2 引用的对象："+singleton2);
    }
}
```

注意：

（1）相对于懒汉式单例类而言，虽然饿汉式单例类的加载过程要慢一些，但不能对实例进行延迟加载。

（2）类的静态成员变量 instance 有初始化语句，在 instance 被调用前就已经在内存中创建完毕了，公有方法 getInstance()是直接返回实例的。因此，饿汉式单例类模式的线程是安全的。

4.3 原型模式及其扩展

4.3.1 原型模式

1. 模式动机

原型模式用于复制已有对象，以提高相同类型对象的创建效率。有些对象的创建过程较为复杂，有时还需要频繁创建。原型模式通过给出一个原型对象来指明所要创建对象的类型，然后用复制这个原型对象的办法创建出更多同类型的对象，这就是原型模式的动机。

2. 模式定义

原型模式（Prototype Pattern）采用原型实例指定创建对象的种类，并且通过复制这些原型创建新的对象。原型模式允许一个对象再创建另一个可定制的对象，且无须知道任何创建的细节。

原型模式是一种对象创建型模式。

3．模式结构及角色分析

原型模式除客户端外，还有抽象原型类和具体原型类两种角色，如图 4.3.1 所示。

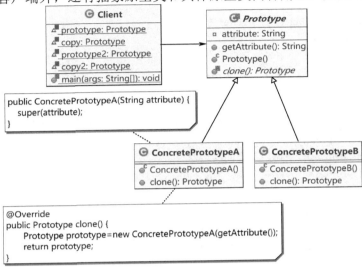

图 4.3.1　原型模式类图

角色 1：抽象原型类 Prototype，它是一个抽象类，定义了克隆原型对象的抽象方法 clone()。

角色 2：具体原型类 ConcretePrototype，它继承 Prototype 并重写了抽象方法。

要点：采用客户端 Client 关联 Prototype，即面向抽象编程。

注意：

（1）在后面介绍的模式里，只有少量的类图画了 Client，以表示它与其他类之间的关联关系或依赖关系。

（2）在实际开发中，Client 一般不定义成员变量，而是以局部变量的形式在 main()方法里定义。本类图中这样定义，只是为了表示 Client 与 Prototype 的关联关系。

（3）将本类图 Client 定义的私有、静态成员变量移至 main()方法里，并去掉其私有 private 和静态 static 这两个修饰符，对程序的运行没有影响（以后不再赘述）。

4．模式实现

原型模式的实现表现在重写的抽象方法中，可以划分为通用和专用两种方式。

原型模式的通用实现方式是在抽象方法里使用 new 运算符创建原型对象，并将相关参数传入新建的原型对象后，再返回。

【例 4.3.1】原型模式的通用实现方式。

使用原型模式的一个完整示例代码如下：

```
package prototype;
/*
 * 本例采用通用实现方式
 */
abstract class Prototype{    //角色 1：抽象原型类 Prototype
    protected String attribute;    //属性
```

```java
    public Prototype(String attribute) {   //构造器
        this.attribute = attribute;
    }
    public String getAttribute() {   //getter 方法
        return attribute;
    }
    public abstract Prototype clone();    //抽象方法
}
class ConcretePrototypeA extends Prototype{   //角色 2：具体原型类 ConcretePrototypeA
    public ConcretePrototypeA(String attribute) {   //构造器
        super(attribute);   //调用父类的构造器
    }
    @Override
    public Prototype clone() {   //重写抽象的克隆方法
        Prototype prototype = new ConcretePrototypeA(getAttribute());   //创建一个原型对象
        return prototype;   //返回一个原型对象
    }
}
class ConcretePrototypeB extends Prototype {   //具体原型类
    public ConcretePrototypeB(String attribute) {
        super(attribute);
    }
    @Override
    public Prototype clone() {
        Prototype prototype = new ConcretePrototypeB(getAttribute());
        return prototype;
    }
}
public class Client {   //客户端
    static Prototype prototype,copy;   //Client 关联 Prototype
    static Prototype prototype2,copy2;
    public static void main(String[] args) {
        prototype = new ConcretePrototypeA("attri");
        copy = (ConcretePrototypeA) prototype.clone();
        System.out.println("原对象："+prototype);
        System.out.println("原对象 String 类型的属性："+prototype.getAttribute());
        System.out.println("克隆对象："+copy);
        System.out.println("克隆对象 String 类型的属性："+copy.getAttribute());
        System.out.println("=================================================");
        prototype2 = new ConcretePrototypeB("attri123");
        copy2 = (ConcretePrototypeB) prototype2.clone();
        System.out.println("原对象："+prototype2);
        System.out.println("原对象 String 类型的属性："+prototype2.getAttribute());
        System.out.println("克隆对象："+copy2);
```

```
            System.out.println("克隆对象 String 类型的属性："+copy2.getAttribute());        }
}
```
程序运行结果，如图 4.3.2 所示。

```
原对象：prototype.ConcretePrototypeA@7852e922
原对象String类型的属性：attri
克隆对象：prototype.ConcretePrototypeA@4e25154f
克隆对象String类型的属性：attri
================================================
原对象：prototype.ConcretePrototypeB@70dea4e
原对象String类型的属性：attri123
克隆对象：prototype.ConcretePrototypeB@5c647e05
克隆对象String类型的属性：attri123
```

图 4.3.2 程序运行结果

注意：通过克隆方法创建的对象是全新的对象，在内存中拥有新的地址。

原型模式的专用实现方式使用 Java 语言中顶级对象 Object 定义的克隆方法 clone()和克隆接口 java.lang.Cloneable。其中，接口 Cloneable 不含任何抽象方法。

【例 4.3.2】专用实现方式。

任何 Java 类对象都可以使用 clone()，为避免混淆，在抽象原型类将抽象方法命名为其他的，如 copy()，其实现代码如下：

```java
package prototype2;
abstract class Prototype{    //抽象原型类
    private String attribute;
    public String getAttribute() {
        return attribute;
    }
    public Prototype(String attribute) {
        this.attribute = attribute;
    }
    public abstract Prototype copy();    //定义抽象方法
}
class ConcretePrototype extends Prototype implements Cloneable{    //具体原型类 ConcretePrototype
    public ConcretePrototype(String attribute) {
        super(attribute);
    }
    @Override
    public Prototype copy() {    //重写抽象方法
        Object object = null;
        try {
            //ConcretePrototype 是 Object 的子类
            object = super.clone();    //调用父类克隆方法；当前类必须实现接口 java.lang.Cloneable
        } catch (CloneNotSupportedException e) {
            e.printStackTrace();
```

```
            }
            return (Prototype)object;
        }
    }
    public class Client {    //客户端
        static Prototype prototype,copy;
        public static void main(String[] args) {
            prototype = new ConcretePrototype("attri");
            copy = (ConcretePrototype)prototype.copy();
            System.out.println("原对象: "+prototype);
            System.out.println("原对象 String 类型的属性: "+prototype.getAttribute());
            System.out.println("克隆对象: "+copy);
            System.out.println("克隆对象 String 类型的属性: "+copy.getAttribute());
        }
    }
```

5．模式评价

原型模式应用可以实现类型相同、内存地址不同的对象复制。

原型模式的优点是，当创建新的对象实例较为复杂时，使用原型模式可以简化对象的创建过程，通过复制一个已有实例来提高新实例的创建效率。

原型模式的缺点如下。

（1）每一个具体原型类必须配备一个克隆方法，并且需要对类的功能进行通盘考虑。这对全新的类来说不是很难，但对已有的类进行改造就不是件容易事了。

（2）在实现深克隆时需要编写较为复杂的代码。

4.3.2 浅克隆与深克隆

1．浅克隆

在前面介绍的原型模式案例中，被复制对象的属性值与原型对象的属性值相同。如果原型对象包含引用类型的对象，则克隆对象的引用类型仍然指向原来的对象，这种方式称为浅克隆。

浅克隆仅复制值类型（如 char、int 和 double 等）的成员变量，而不复制引用类型（如 class、interface 和数组等）的对象。

注意：在 Java 语言中，虽然 String 类型是引用类型，但 JVM 通过使用字符串常量池可以提升性能。因此，浅克隆也能复制 String 这个特殊的引用类型成员。

【例 4.3.3】含有引用类型的原型对象的浅克隆。

程序代码如下：

```
package prototype3;
/*
 * 原型类包含自定义的成员变量 Car
 * 本例为浅克隆
 * 自定义类型的成员变量并没有被真正复制，而是指向原对象自定义类型成员变量的地址
 * 通过输出它们的哈希值可以验证这一点
```

```java
 * 问题：当修改克隆对象的自定义引用类型的属性时，原型对象也会相应地改变
 */
class Car{     //定义类，作为原型类的变量类型
    String brand;
    int price;
    public Car(String brand, int price) {   //构造方法
        this.brand = brand;
        this.price = price;
    }
    @Override
    public String toString() {
        return "Car [brand = " + brand + ", price = " + price + "]";
    }
}
abstract class Prototype{   //抽象原型类 Prototype
    private Car car;    //引用类型，不是 int、char 等值类型或 String 类型
    public Car getCar() {
        return car;
    }
    public Prototype(Car car) {
        this.car = car;
    }
    public abstract Prototype copy();    //定义抽象方法
}
class ConcretePrototype extends Prototype implements Cloneable{    //具体原型类 ConcretePrototype
    public ConcretePrototype(Car car) {
        super(car);    //调用父类构造方法
    }
    //实现接口方法
    public Prototype copy() {    //重写抽象方法
        Object object = null;
        try {
            object = super.clone();
        } catch (CloneNotSupportedException e) {
            e.printStackTrace();
        }
        return (Prototype)object;
    }
}
public class Client {    //客户端
    static Prototype prototype,copy;
    public static void main(String[] args) {
        prototype = new ConcretePrototype(new Car("BMW", 250000));
        copy = (ConcretePrototype) prototype.copy();
```

```
            System.out.println("原对象和克隆对象自定义类型的属性是否相同
                                    (地址比较):"+(prototype.getCar() == copy.getCar()));
            System.out.println("即克隆对象的自定义类型的成员变量指向原型对象自定义类型成员变量
                                                                        的地址");
            System.out.println("原对象自定义类型属性的哈希值:"+(prototype.getCar().hashCode()));
            System.out.println("克隆对象自定义类型属性的哈希值:"+(copy.getCar().hashCode()));
            System.out.println("结论：克隆对象的自定义类型的成员变量并没有被真正复制");
    }
}
```

程序运行结果，如图 4.3.3 所示。

```
原对象和克隆对象自定义类型的属性是否相同(地址比较):true
即克隆对象的自定义类型的成员变量指向原型对象自定义类型成员变量的地址
原对象自定义类型属性的哈希值:2018699554
克隆对象自定义类型属性的哈希值:2018699554
结论：克隆对象的自定义类型的成员变量并没有被真正复制
```

图 4.3.3 程序运行结果

注意：浅克隆存在的问题是，当修改克隆对象引用类型的成员变量属性时，原型对象也会相应地改变，即克隆对象与原型对象不是真正独立的（请自行上机验证）。

2．深克隆

原型对象除本身被复制外，它所包含的所有成员变量也将被复制，这种克隆称为深克隆。当原型对象的成员变量是引用类型时，需要对它再做一次克隆。

在 Java 语言中，通过克隆接口 java.lang.Cloneable 或序列化接口 java.io.Serializable 都能实现深克隆。

【例 4.3.4】 使用 Java 克隆接口实现深克隆。

程序代码如下：

```
package prototype3a;
class Car implements Cloneable{
    String brand;
    int price;
    public Car copy() {    //自定义的克隆方法
        Object object = null;
        try {
            object = super.clone();
        } catch (CloneNotSupportedException e) {
            e.printStackTrace();
        }
        return (Car)object;
    }
}
abstract class Prototype {    //抽象原型类 Prototype
    private Car car;    //引用类型
```

```java
        public Prototype(Car car) {
            this.car = car;
        }
        public Car getCar() {
            return car;
        }
        public void setCar(Car car) {
            this.car = car;
        }
        public abstract Prototype copy();     //定义抽象方法
}
class ConcretePrototype extends Prototype implements Cloneable{    //具体原型类 ConcretePrototype
        public ConcretePrototype(Car car) {
            super(car);
        }
        @Override
        public Prototype copy() {    //重写抽象方法
            Object object = null;    //原型对象
            try {
                object = super.clone();     //先做原型对象的浅克隆
                Prototype deepCar = (Prototype) object;
                Car car = deepCar.getCar().copy();    //再做成员对象的深克隆
                deepCar.setCar(car);    //保存
                return deepCar;    //返回目标克隆对象
            } catch (CloneNotSupportedException e) {
                e.printStackTrace();
            }
            return (Prototype) object;
        }
}
public class Client {      //客户端
    static Prototype prototype,copy;
    public static void main(String[] args) {
        prototype = new ConcretePrototype(new Car());
        copy = (ConcretePrototype) prototype.copy();
        System.out.println("原对象和克隆对象的自定义类型的属性是否相同
                                    (地址比较):"+(prototype.getCar() == copy.getCar()));
        System.out.println("即克隆对象的自定义类型的成员变量不是指向
                                    原型对象自定义类型成员变量的地址");
        System.out.println("原对象自定义类型属性的哈希值:"+(prototype.getCar().hashCode()));
        System.out.println("克隆对象自定义类型属性的哈希值:"+(copy.getCar().hashCode()));
        System.out.println("结论：克隆对象的自定义类型的成员变量被真正复制");
    }
}
```

深克隆程序运行结果，如图 4.3.4 所示。

> 原对象和克隆对象的自定义类型的属性是否相同(地址比较)：false
> 即克隆对象的自定义类型的成员变量不是指向原型对象自定义类型成员变量的地址
> 原对象自定义类型属性的哈希值：2018699554
> 克隆对象自定义类型属性的哈希值：1311053135
> 结论：克隆对象的自定义类型的成员变量被真正复制

图 4.3.4　程序运行结果

【例 4.3.5】使用 Java 序列化技术实现深克隆。

程序代码如下：

```java
package prototype3b;
import java.io.ByteArrayInputStream;
import java.io.ByteArrayOutputStream;
import java.io.IOException;
import java.io.ObjectInputStream;
import java.io.ObjectOutputStream;
import java.io.Serializable;

class Car implements Serializable{
    private static final long serialVersionUID = 1L;
    String brand;
    int price;
}

abstract class Prototype implements Serializable{    //抽象原型类 Prototype
    private static final long serialVersionUID = 1L;
    private Car car;    //引用类型
    public Prototype(Car car) {
        this.car = car;
    }
    public Car getCar() {
        return car;
    }
    public void setCar(Car car) {
        this.car = car;
    }
    public abstract Prototype copy();    //定义抽象方法
}

class ConcretePrototype extends Prototype implements Serializable{    //具体原型类 ConcretePrototype
    private static final long serialVersionUID = 1L;
    public ConcretePrototype(Car car) {
        super(car);
    }
    @Override
    public Prototype copy() {    //重写抽象方法
```

```java
        //序列化
        ByteArrayOutputStream byteArrayOutputStream = new ByteArrayOutputStream();
        ObjectOutputStream objectOutputStream = null;   //对象输出流
        try {
            objectOutputStream = new ObjectOutputStream(byteArrayOutputStream);
            objectOutputStream.writeObject(this);
        } catch (IOException e) {
            e.printStackTrace();
        }
        //反序列化
        ByteArrayInputStream byteArrayInputStream =
                        new ByteArrayInputStream(byteArrayOutputStream.toByteArray());
        ObjectInputStream objectInputStream = null;
        try {
            objectInputStream = new ObjectInputStream(byteArrayInputStream);    //对象输入流
            return (Prototype) objectInputStream.readObject();
        } catch (IOException e) {
            e.printStackTrace();
        } catch (ClassNotFoundException e) {
            e.printStackTrace();
        }
        return null;
    }
}
public class Client {    //客户端
    static Prototype prototype,copy;
    public static void main(String[] args) {
        prototype = new ConcretePrototype(new Car());
        copy = (ConcretePrototype) prototype.copy();
        System.out.println("原对象和克隆对象的自定义类型的属性是否相同
                        (地址比较):"+(prototype.getCar() == copy.getCar()));
        System.out.println("即克隆对象的自定义类型的成员变量
                        不是指向原型对象自定义类型成员变量的地址");
        System.out.println("原对象自定义类型属性的哈希值:"+(prototype.getCar().hashCode()));
        System.out.println("克隆对象自定义类型属性的哈希值:"+(copy.getCar().hashCode()));
        System.out.println("结论:克隆对象的自定义类型的成员变量被真正复制");
    }
}
```

程序运行结果,与图 4.3.4 相同。

注意:

(1)序列化接口 java.io.Serializable 与克隆接口 java.lang.Cloneable 一样,并未定义任何抽象方法。

(2)对序列化对象所在的类,都必须应用短语"implements Serializable"。否则,运行时将会出现异常(请自行上机验证)。

4.4 建造者模式及其扩展

4.4.1 建造者模式

1．模式动机

在某些情况下,一个对象会有一些重要的属性,在它们没有恰当的值之前,对象不能作为一个完整的产品使用。比如,一个电子邮件有发件人地址、收件人地址、主题、内容、附录等部分,至少在收件人地址未被赋值之前,这个电子邮件是不能发出的。

2．模式定义

建造者模式（Builder Pattern）：将一个复杂对象的构建与它的表示方法进行分离,使同样的构建过程可以创建出不同的表示方法。

建造者模式是一步一步创建一个复杂对象的,它允许用户通过指定复杂对象的类型和内容就可以构建完成,而不需要知道内部的具体构建细节。

建造者模式属于对象创建型模式。

3．模式结构及角色分析

在建造者模式中,将具体建造者抽象成抽象建造者,装配者聚合成抽象建造者,具体建造者依赖于产品,如图 4.4.1 所示。

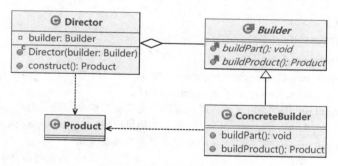

图 4.4.1 建造者模式类图

角色 1：复杂产品类 Product,它表示被建造的对象,包含多个组成部件。

角色 2：抽象建造者 Builder 为一个抽象类,它定义了建造复杂产品各个部件的抽象方法 buildPart() 和返回完整产品的抽象方法 buildProduct()。

角色 3：具体建造者 ConcreteBuilder 作为 Builder 的子类,它重写了抽象方法。

角色 4：由指挥者 Director 聚合 Builder,它负责安排复杂产品的构建次序,定义返回复杂产品的构建方法 construct(),并通过调用具体产品的建造者完成。

注意：

（1）客户端 Client 只需要与 Director 对象打交道,由 Director 聚合 Builder。

（2）ConcreteBuilder 和 Director 都依赖于 Product。实际应用本模式时,需要在 ConcreteBuilder 里定义与 Product 相同的字段,以便返回完整的产品。

4. 模式实现

【例 4.4.1】建造者模式实现。

建造快餐消费环境项目完成后的类文件，如图 4.4.2 所示。

```
▼ ⓠ Product                          ▼ ⓠ ConcreteBuilder
    □  food : String                      △  food : String
    □  drink : String                     △  drink : String
    ●  setFood(String) : void             ●△ buildFood(String) : void
    ●  setDrink(String) : void            ●△ buildDrink(String) : void
    ●  getFood() : String                 ●△ buildProduct() : Product
    ●  getDrink() : String            ▼ ⓠ Director
    ●△ toString() : String                □  builder : Builder
▼ ⓠᴬ Builder                              ●ᶜ Director(Builder)
    ●ᴬ buildFood(String) : void           ●  construct(String, String) : Product
    ●ᴬ buildDrink(String) : void      ▼ ⓠ▸ Client
    ●ᴬ buildProduct() : Product           ●ˢ main(String[]) : void
```

图 4.4.2 项目类文件

程序代码如下：

```java
package builder;
class Product {     //复杂产品类 Product，表示被建造的对象
    private String food;
    private String drink;
    public void setFood(String food) {
        this.food = food;
    }
    public void setDrink(String drink) {
        this.drink = drink;
    }
    public String getFood() {
        return (this.food);
    }
    public String getDrink() {
        return (this.drink);
    }
    @Override
    public String toString() {
        return "Product [food = " + food + ", drink = " + drink + "]";
    }
}
abstract class Builder {    //抽象建造者 Builder
    public abstract void buildFood(String food);        //产品部件
    public abstract void buildDrink(String drink);      //产品部件
    public abstract Product buildProduct();             //完整产品
}
class ConcreteBuilder extends Builder {    //具体建造者类 ConcreteBuilder
    String food;
```

```java
        String drink;
        @Override
        public void buildFood(String food) {
            this.food = food;
        }
        @Override
        public void buildDrink(String drink) {
            this.drink = drink;
        }
        @Override
        public Product buildProduct() { //方法返回值类型，体现了ConcreteBuilder对Product的依赖
            Product product = new Product();
            product.setFood(food);
            product.setDrink(drink);
            return product;
        }
    }
    class Director  { //由指挥者类Director聚合Builder对象，指挥产品的建造过程
        private Builder builder;    //聚合
        public Director(Builder builder) {    //构造器注入
            this.builder = builder;
        }
        public Product construct(String food, String drink) {    //构建（装配）方法
            //调用建造者
            builder.buildFood(food);
            builder.buildDrink(drink);
            return builder.buildProduct();    //返回复杂产品
        }
    }
    public class Client { //客户端
        private static Director director;
        public static void main(String[] args) {
            Builder builder = new ConcreteBuilder();    //创建建造者
            director = new Director(builder);    //创建指挥者
            //使用指挥者，客户端程序并不需要知道产品的建造细节
            Product product = director.construct("炸鸡", "可乐");
            System.out.println(product.toString());    //输出产品

            //如果不使用指挥者，客户端程序则需要知道产品的建造细节
            /*builder = new ConcreteBuilder();
            //注释下面建造的两行代码，将输出空产品
            builder.buildFood("炸鸡");    //建造
            builder.buildDrink("可乐");    //建造
            product = builder.buildProduct();
```

```
            System.out.println(product.toString());*/
    }
}
```

注意：对 ConcreteBuilder 对象使用建造词语；而对 Director 对象使用构建或装配词语。

5．模式评价

建造者模式分离了对象子组件的单独建造（由 Builder 负责）和装配（由 Director 负责），从而可以建造出复杂的对象。

建造者模式实现了建造和装配的解耦。使用不同的建造器，相同的装配，可以建造出不同的对象。使用相同的建造器，不同的装配顺序，也可以建造出不同的对象。

可见使用建造者模式能很好地实现代码复用。

4.4.2 使用钩子方法控制产品的建造过程

在建造者模式中，通过 Director 对象可以更加精细地控制产品的建造过程。例如，在类 Director 里增加一个钩子方法 isNeedX()，来控制是否使用方法 buildX()实施产品 X 的建造过程。

通常情况下，设置抽象建造者中普通方法 isNeedX()的返回值类型为 boolean，并返回 false，而在具体建造者中则设置是否使用方法 buildX()参与建造过程。

【例 4.4.2】在建造者模式中，使用钩子方法控制产品的建造过程。

设想建造快餐消费的情形，在抽象建造者类中增加了钩子方法，用以控制产品的建造过程。完成后的项目类文件，如图 4.4.3 所示。

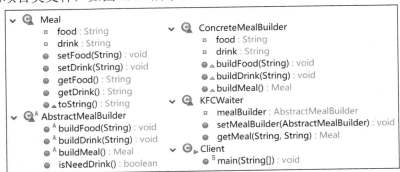

图 4.4.3　项目类文件

程序代码如下：

```
package builder2;
class Meal {    //套餐
    //food 和 drink 是套餐 Meal 的组成部分
    private String food;
    private String drink;
    public void setFood(String food) {
        this.food = food;
    }
    public void setDrink(String drink) {
        this.drink = drink;
```

```java
        }
        public String getFood() {
            return (this.food);
        }
        public String getDrink() {
            return (this.drink);
        }
        @Override
        public String toString() {
            return "Meal [food = " + food + ", drink = " + drink + "]";
        }
    }
    abstract class AbstractMealBuilder {    //抽象建造者
        //抽象的建造方法（过程）
        public abstract void buildFood(String food);
        public abstract void buildDrink(String drink);
        //抽象的建造方法（产品）
        public abstract Meal buildMeal();
        public boolean isNeedDrink(){    //钩子方法
            return false;    //默认不需要加饮料
        }
    }
    class ConcreteMealBuilder extends AbstractMealBuilder {    //具体建造者类
        private String food;
        private String drink;
        @Override
        public void buildFood(String food) {
            this.food = food;
        }
        @Override
        public void buildDrink(String drink) {
            this.drink = drink;
        }
        @Override
        public Meal buildMeal() {
            Meal meal = new Meal();
            meal.setFood(food);    //加食物
            //通过调用抽象建造者类中定义的钩子方法 isNeedDrink()可以控制产品的创建过程
            if(!isNeedDrink()) {    //继承的方法。若取消非运算符将不参与建造
                meal.setDrink(drink);
            }
            return meal;
        }
```

```
}
class KFCWaiter { //服务员作为指挥者
    private AbstractMealBuilder mealBuilder;   //KFCWaiter 聚合 AbstractMealBuilder
    public void setMealBuilder(AbstractMealBuilder mealBuilder) {
        this.mealBuilder = mealBuilder;
    }
    public Meal getMeal(String food,String drink) {   //服务员安排建造者建造,并获取套餐
        mealBuilder.buildFood(food);       //建造环节
        mealBuilder.buildDrink(drink);     //建造环节
        return mealBuilder.buildMeal();    //获得套餐
    }
}
public class Client {   //客户端
    KFCWaiter waiter;    //指挥者
    public static void main(String[] args) {
        AbstractMealBuilder concreteMealBuilder = new ConcreteMealBuilder();   //具体建造者
        waiter = new KFCWaiter();    //创建一个服务员
        waiter.setMealBuilder(concreteMealBuilder);
        Meal meal = waiter.getMeal("炸鸡","可乐");    //服务员安排套餐
        System.out.println("套餐组成："+meal);    // 输出套餐
    }
}
```

4.4.3 在抽象建造者中组合产品

建造者模式的另一个扩展是，在抽象建造者中组合产品，并创建多个具体建造者类。

【例4.4.3】在抽象建造者中组合产品。

设想建造快餐消费的情形，在抽象建造者中组合产品，并创建多个具体建造者类。完成后的项目类文件，如图4.4.4所示。

图 4.4.4　项目类文件

程序代码如下：

```
class Meal {
    // food 和 drink 是套餐 Meal（实体类）的组成部分
```

```java
        private String food;
        private String drink;
        public void setFood(String food) {
            this.food = food;
        }
        public void setDrink(String drink) {
            this.drink = drink;
        }
        public String getFood() {
            return (this.food);
        }
        public String getDrink() {
            return (this.drink);
        }
}
abstract class AbstractMealBuilder {    //抽象建造者
        protected Meal meal = new Meal();    //MealBuilder 组合 meal
        public Meal getMeal() {        //getter 方法
            return meal;
        }
        //抽象的建造方法
        public abstract void buildFood();
        public abstract void buildDrink();
}
class ConcreteMealBuilderA extends AbstractMealBuilder {    //具体套餐类
        public void buildFood() {
            meal.setFood("一个鸡腿堡");
        }
        public void buildDrink() {
            meal.setDrink("一杯可乐");
        }
}
class ConcreteMealBuilderB extends AbstractMealBuilder {    //具体套餐类
        public void buildFood() {
            meal.setFood("一个鸡肉卷");
        }
        public void buildDrink() {
            meal.setDrink("一杯果汁");
        }
}
class KFCWaiter {    //指挥者
        private AbstractMealBuilder mealBuilder;    //KFCWaiter 聚合 AbstractMealBuilder 对象
        //使用 setter 方法实例化具体建造者
```

```java
        public void setMealBuilder(AbstractMealBuilder mealBuilder) {
            this.mealBuilder = mealBuilder;
        }
        public Meal getMeal() {    //调用建造者完成套餐建造,并获取套餐
            mealBuilder.buildFood();
            mealBuilder.buildDrink();
            return mealBuilder.getMeal();
        }
    }
    public class Client {    //客户端
        private static KFCWaiter waiter;    //指挥者
        public static void main(String[] args) {
            //动态确定套餐种类(依赖于 config.xml 配置的具体套餐类型)
            AbstractMealBuilder mealBuilder = (AbstractMealBuilder) XMLUtil.getBean();
            //服务员是指挥者
            waiter = new KFCWaiter();
            //服务员准备套餐,以产品建造者为参数
            waiter.setMealBuilder(mealBuilder);
            //为客户构建套餐
            Meal meal = waiter.getMeal();
            //输出套餐
            System.out.println("套餐组成:");
            System.out.println(meal.getFood());
            System.out.println(meal.getDrink());
        }
    }
```

配置文件 config.xml 的代码如下:

```xml
<?xml version = "1.0"?>
<config>
    <className>builder3.ConcreteMealBuilderA</className>
    <!-- <className>builder3.ConcreteMealBuilderB</className> -->
</config>
```

注意:
(1)程序的运行结果依赖于具体建造者类在 config.xml 中的配置。
(2)文件 XMLUtil.java 的代码与例 4.1.4 的类似。

习 题

一、判断题

1. 简单工厂模式包含在 GoF 收录的 23 种软件设计模式里。
2. 工厂方法模式和抽象工厂模式都符合开闭原则。
3. 工厂方法模式可认为是只有一个产品族的抽象工厂模式。
4. 抽象工厂模式的产品族和产品等级结构都符合开闭原则。
5. 简单工厂不满足开闭原则，工厂方法、抽象工厂满足开闭原则。
6. 懒汉式单例类指单例类的唯一实例是在第一次使用方法 getInstance()时被实例化。
7. 对象的 clone()方法默认为浅拷贝，若想实现深拷贝，则需要重写 clone()方法实现属性对象的拷贝。

二、单选题

1. 对于系统中的某些类来说，有时只允许有一个实例。如系统中可以有许多打印机，但是只能有一个打印机正在工作，这可以采用____模式进行设计。
    A．观察者   B．模板方法   C．单例   D．组合
2. 一个软件系统可以提供多个外观不同的按钮，这些按钮都源自同一个基类，不过在继承基类后，不同的子类修改了部分属性，从而使它们可以呈现不同的外观。如果希望能无须了解这些具体按钮类的名字，只要知道按钮类的一个参数，并提供一个调用方便的静态方法，把该参数传入静态方法即可返回一个相应的按钮对象，可以采用____模式进行设计。
    A．桥接   B．享元   C．装饰   D．简单工厂
3. 在操作系统 Linux/UNIX 中，父进程调用 fork()创建子进程时，可将自己的完整数据空间复制给子进程，使二者的数据空间相互独立。这里用到了____模式。
    A．原型   B．解释器   C．工厂方法   D．命令
4. ____模式将一个复杂对象的构建与它的表示分离，使同样的构建过程可以创建不同的表示，而用户无须知道内部的具体构建细节。
    A．建造者   B．模板方法   C．策略   D．解释器
5. 下列叙述中，错误的是____。
    A．创建型模式主要用于如何创建对象
    B．结构型模式主要用于处理类或对象的组合
    C．行为型模式主要用于描述对类或对象的交互和分配的职责
    D．单例模式属于行为型模式

三、填空题

1. _____模式中，父类负责定义创建对象的公共接口，子类则负责生成具体的对象。
2. 工厂方法模式属于类创建型模式，而抽象工厂模式属于_____创建型模式。
3. 某视频监控系统在运行期间，其控制面板对象只创建了一个，可以采用_____模式。
4. 在原型模式中，对象的克隆可分为浅克隆和_____。

5．客户端不用考虑复杂对象的建造细节，由指挥者负责安排具体的建造者完成对象的建造，这属于＿＿＿＿＿＿＿模式。

6．当需要创建的产品具有复杂的内部结构时，为了逐步构造完整的对象，并且使对象的创建更具灵活性，可以使用＿＿＿＿＿＿＿模式。

7．在建造者模式中，为了更加精细地控制产品的创建过程，如控制某个产品组件是否被构建，可以通过增加＿＿＿＿＿＿＿方法进行实现。

四、多选题

1．关于广义的工厂模式，以下叙述中错误的是＿＿＿＿＿＿＿。
   A．简单工厂、工厂方法、抽象工厂3种模式均满足开闭原则
   B．简单工厂模式中，工厂类提供静态方法给客户端使用，客户端给出静态方法的参数，便可以创建不同的对象
   C．工厂方法模式是简单工厂模式的拓展。在工厂方法模式中，包含抽象工厂类、具体工厂类、抽象产品类和具体产品类
   D．抽象工厂模式是工厂方法模式的拓展，一个工厂可以创建一个产品族
   E．简单工厂、工厂方法、抽象工厂都已被收录在GoF的23种软件设计模式里

2．Java软件项目开发中，经常使用"xml配置文件+Java反射"方式创建对象。下列模式中，可以使用该方式的是＿＿＿＿＿＿＿。
   A．工厂方式模式
   B．抽象工厂模式
   C．建造者模式
   D．单例模式
   E．原型模式

3．Java中创建对象的方式有＿＿＿＿＿＿＿。
   A．使用new关键字
   B．调用对象的clone()方法
   C．利用反射调用Class类或Constructor类的newInstance()方法
   D．用反序列化调用ObjectInputStream类的readObject()方法
   E．调用工厂方法

实　验

一、实验目的

1．"XML 配置+Java 反射"创建对象的使用方法。
2．熟练掌握 Java 程序设计的构造方法、setter/getter 方法和 toString()方法的使用。
3．掌握各种创建型设计模式的要点。
4．掌握单例模式中饿汉式和懒汉式的使用区别。
5．掌握原型模式中深克隆与浅克隆的使用区别。
6．掌握建造者模式的多种使用方式。

二、实验内容及步骤

【预备】访问上机实验网站 http://www.wustwzx.com/jdp/index.html，下载本章实验案例，解压后得到文件夹 ch04。在 Eclipse 中导入 ch04 里的 Java 项目。

1．研究"XML 配置+Java 反射"创建对象的使用方法

（1）分别查看包 xml_reflection 中的配置文件 config.xml 代码。
（2）查看类文件 XMLUtil.java 中静态方法 getBean(String)的定义。
（3）执行 Eclipse 菜单的 Window→Show View→Outline，打开 Outline 面板。
（4）查看程序文件 Client.java 所包含的类和 main()方法代码。
（5）通过运行程序，观察显示创建的对象。
（6）取消 main()方法中的注释代码后，再次运行时会因参数不正确而出现异常。

2．研究简单工厂模式

（1）查看包 factory0 中程序文件 TVwithoutFactory.java 所包含的类。
（2）查看主类 TVwithoutFactory 的 main()方法中创建对象，以及使用对象的代码。
（3）新增一种电视产品并适当修改源程序后，做运行测试。
（4）总结产品创建代码与使用代码不分离的弊端。
（5）查看包 factory_simple 中程序文件 Client.java 所包含的类。
（6）新增一种电视产品并适当修改 Factory 类后，做运行测试。
（7）总结产品创建代码与使用代码分离的好处。

3．研究工厂方法模式

（1）查看包 factory_method 中配置文件 config.xml 的配置类。
（2）查看类文件 XMLUtil.java 中静态方法 getBean()的实现代码。
（3）查看 Client.java 所包含的类，特别是抽象工厂 Creator 和具体工厂 ConcreteCreator。
（4）运行程序，查看控制台的输出。
（5）取消程序中对另一个具体工厂类的注释，并在 config.xml 中配置本类后，再次运行程序，体会使用"XML 配置+Java 反射"创建对象的好处。

（6）总结工厂方法模式的要点。

4．研究抽象工厂模式

（1）查看包 factory_abstract 中程序文件 Client.java 定义的模式角色。

（2）增加新的品牌（如 Sony），即增加一个抽象工厂的子类 ConcreteFactory3，并相应地增加该工厂生产的产品类 ConcreteProductA3 和 ConcreteProductB3。在配置文件里使用类 ConcreteFactory3，通过运行程序，验证抽象工厂模式符合开闭原则。

（3）注释刚才增加品牌时新增加的 3 个类。

（4）增加新产品（如洗衣机）后调试程序，并理解抽象工厂模式属于对象创建型模式。它不支持添加新的产品类别。

5．研究单例模式

（1）查看包 singleton 中程序文件所包含单例类的实现代码。

（2）查看测试类 Client 中 main() 方法的代码。

（3）通过运行程序，查看控制台中显示的单例类对象及相关特性（ID 和 Hash 码）。

（4）总结单例模式的基本要点。

（5）查看包 singleton2 中单例类的实现代码。

（6）通过运行测试懒汉式单例类模式，总结线程的安全问题及其解决方法。

（7）查看包 singleton3 中单例类的实现代码，并掌握饿汉式单例类的设计方法。

6．研究原型模式

（1）查看包 prototype 中程序文件 Client.java 包含的类所表示的角色。

（2）查看具体原型类实现抽象克隆方法的通用方法代码。

（3）通过运行程序，观察控制台中原型对象与克隆对象的相关特性。

（4）查看包 prototype2 中具体原型类实现克隆方法的专用实现代码，并比较通用与专用两种方式实现克隆代码的差异。

（5）查看包 prototype3 中的具体原型类所包含引用类型的成员变量。运用程序观察控制台中，原型对象与克隆对象成员变量的特性，验证原型对象与克隆对象并不独立。

（6）查看包 prototype3a 中的具体成员类，使用 Cloneable 接口实现深克隆的方法代码。

（7）查看包 prototype3a 中的具体成员类，使用序列化接口实现深克隆的方法代码。

7．研究建造者模式

（1）查看包 builder 中程序文件 Client.java 包含的类所表示的角色。

（2）分别查看类 Client 的 main() 方法中，使用指挥者和不使用指挥者的用法区别，并进行调试。

（3）查看包 builder2 中的 Client.java 文件，分析在抽象建造者类内设置钩子的方法，并在具体建造者类中通过钩子方法控制产品建造过程的相关代码。

（4）查看包 builder3 中抽象建造者类组合产品的设计方法。

三、实验小结及思考

（总结关键的知识点、上机实验中遇到的问题及其解决方案。）

第 5 章 结构型设计模式

在 GoF 提出的 23 种设计模式中,包含外观、适配器、组合、代理、桥接、装饰和享元这 7 种结构型设计模式,它们的使用频率由高到低,学习难度由低到高。

结构型设计模式(Structural Design Pattern)是描述如何将类或对象结合在一起,以形成更大的结构,它可划分为类结构型模式和对象结构型模式。类结构型模式关系类的组合是由多个类组合成的更大系统,一般只存在继承关系和实现关系中。对象结构型模式关系类与对象的组合通过关联关系,使一个类定义另一个类的实例对象,然后通过该对象再调用其方法。根据合成-聚合复用的原则,在系统中应尽量使用关联关系替代继承关系。因此,除类适配器模式外,其他都是对象结构型模式。本章学习要点如下:

- 掌握 7 种结构型模式的基本使用;
- 掌握类适配器和对象适配器的使用区别;
- 掌握静态代理与 JDK 动态代理的使用区别,以及远程代理的实现;
- 理解桥接模式与装饰模式都是合成-聚合复用原则的典型应用,可解决类爆炸的问题;
- 掌握享元模式在 JDK 开发中的应用。

5.1 外观模式及应用

5.1.1 外观模式

1. 模式动机

设想在生活中喝茶方式的情形。喝茶的一种方式是自己动手烧开水、准备茶具和茶叶等,如图 5.1.1 所示。

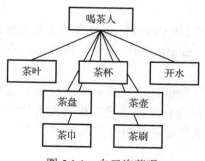

图 5.1.1 自己泡茶喝

喝茶的另一种方式是去茶馆,此时只需要与茶馆的服务员打交道即可,如图 5.1.2 所示。

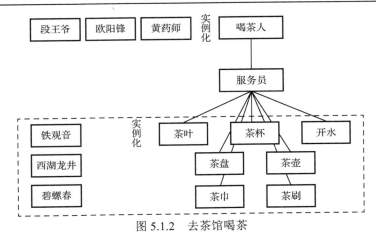

图 5.1.2　去茶馆喝茶

外观模式要求一个子系统的外部与其内部的通信，必须通过一个统一的外观对象进行。外观类将客户端与子系统的内部复杂性分隔开，使客户端只需要与外观对象打交道，而不用与子系统内部的很多对象打交道。

在没有外观类之前，客户类需要和子系统类进行复杂的交互，使系统的耦合度变得很大。增加一个外观类之后，客户类只需要直接同外观类交互，子系统类之间的复杂关系可由外观类来实现，从而降低了系统的耦合度。

将一个系统划分成为若干个子系统可有利于降低系统的复杂性。一个常见的设计目标是使子系统间的通信和相互依赖关系达到最小程度。达到该目标的途径之一是引入一个外观对象，它能为子系统中较一般的设施提供一个单一而简单的界面。

2．模式定义

外观模式（Facade Pattern）指外部与一个子系统的通信必须通过一个统一的外观对象进行，为子系统中的一组接口提供一个一致的界面。外观模式定义了一个高层接口，可使其子系统更容易使用。

在外观模式中，一个子系统的外部与内部的通信是通过一个统一的外观类进行的。外观类可将客户端与子系统内部的复杂性隔离开，使客户端只需与外观类角色打交道，而不用与子系统内部的许多对象打交道。

外观模式又称门面模式，属于对象结构型模式。

3．模式结构及角色分析

外观模式结构很简单，没有泛化和实现关系，只涉及关联关系，如图 5.1.3 所示。

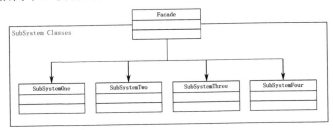

图 5.1.3　外观模式类图

角色 1：子系统 SubSystem，它定义了方法 method()。
角色 2：外观类 Facade，它关联 SubSystem。
要点：客户端 Client 只与外观类 Facade 打交道，屏蔽了各个子系统的内部细节。

4．模式实现

【例 5.1.1】外观模式的基础示例。

程序代码如下：

```java
package facade;
class SubSystemOne {        //子系统角色：想象成 CPU
    public void method1() {
        System.out.println("CPU 运行成功！");
    }
}
class SubSystemTwo {        //子系统角色：想象成内存
    public void method2() {
        System.out.println("内存自检成功！");
    }
}
class SubSystemThree {      //子系统角色：想象成硬盘
    public void method3() {
        System.out.println("硬盘读取成功！");
    }
}
class SubSystemFour {       //子系统角色：想象成操作系统
    public void method4() {
        System.out.println("Windows 载入成功！");
    }
}
class Facade {   //外观类角色：聚合其他子系统，想象成主机箱
    private SubSystemOne subSystemOne;
    private SubSystemTwo subSystemTwo;
    private SubSystemThree subSystemThree;
    private SubSystemFour subSystemFour;
    public Facade(){   //构造方法
        subSystemOne = new SubSystemOne();
        subSystemTwo = new SubSystemTwo();
        subSystemThree = new SubSystemThree();
        subSystemFour = new SubSystemFour();
    }
    public void on() {   //想象成电源开关
        try {
            subSystemOne.method1();
            subSystemTwo.method2();
            subSystemThree.method3();
            subSystemFour.method4();
        } catch (Exception e) {
```

```
                System.out.println("启动失败");
            }
        }
    }
public class Client {        //客户端
    public static void main(String[] args) {
        Facade facade = new Facade();        //Client 关联 Facade
        facade.on();
        System.out.println("电脑启动成功!");
    }
}
```

程序运行结果,如图 5.1.4 所示。

> CPU运行成功!
> 内存自检成功!
> 硬盘读取成功!
> Windows载入成功!
> 电脑启动成功!

图 5.1.4 程序运行结果

5. 模式评价

外观模式定义了一个高层接口作为客户端与子系统之间的第三者。因此,外观模式是迪米特法则的典型应用,具有如下优点。

(1) 对客户屏蔽子系统组件,以减少客户处理的对象数目,使子系统应用更加容易。
(2) 实现了子系统与客户之间的松耦合关系,使子系统的变化不会影响到客户端。
(3) 外观模式屏蔽子系统的业务逻辑,提高了系统的安全性。

注意:子系统可以有多个外观,其外观不参与子系统的业务逻辑。

5.1.2 使用抽象外观类可更好地满足开闭原则

在前面的案例中,如果需要增加、删除或者更换与外观类交互的子系统,则需要修改外观类代码,这将违反开闭原则。为此,增加一个抽象外观类,可使原有外观类不必修改,而由多个新的外观类和新的子系统对象进行交互。

客户端针对抽象外观类编程,可同时引入配置文件,以达到不修改源代码,而更换外观类的目的来满足开闭原则。

【例 5.1.2】改进的外观模式示例。

项目完成后的类文件,如图 5.1.5 所示。

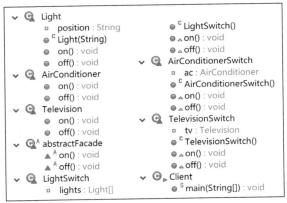

图 5.1.5 项目类文件

程序代码如下:

```java
package facade2;
/*
 * 引入抽象外观类可更好地满足开闭原则,以实现单个电器的开关控制
 * 每个子系统对应一个具体外观类
 */
class Light {    //子系统
    private String position;
    public Light(String position) {
        this.position = position;
    }
    public void on() {
        System.out.println(this.position + "灯打开! ");
    }
    public void off() {
        System.out.println(this.position + "灯关闭! ");
    }
}
class AirConditioner {    //子系统
    public void on() {
        System.out.println("空调打开! ");
    }
    public void off() {
        System.out.println("空调关闭! ");
    }
}
class Television {    //子系统
    public void on() {
        System.out.println("电视机打开! ");
    }
    public void off() {
        System.out.println("电视机关闭! ");
    }
}
abstract class abstractFacade{    //抽象外观类
    abstract void on();
    abstract void off();
}
class LightSwitch extends abstractFacade{    //与Light对应的具体外观类
    private Light lights[] = new Light[4];
    public LightSwitch() {
        lights[0] = new Light("左前");
        lights[1] = new Light("右前");
```

```java
            lights[2] = new Light("左后");
            lights[3] = new Light("右后");
        }
        @Override
        public void on() {
            lights[0].on();
            lights[1].on();
            lights[2].on();
            lights[3].on();
        }
        @Override
        public void off() {
            lights[0].off();
            lights[1].off();
            lights[2].off();
            lights[3].off();
        }
    }
    class AirConditionerSwitch extends abstractFacade{    //与 AirConditioner 相应的具体外观类
        private AirConditioner ac;
        public AirConditionerSwitch() {
            ac = new AirConditioner();
        }
        @Override
        public void on() {
            ac.on();
        }
        @Override
        public void off() {
            ac.off();
        }
    }
    class TelevisionSwitch extends abstractFacade{    //与 Television 相应的具体外观类
        private Television tv;
        public TelevisionSwitch() {
            tv = new Television();
        }
        @Override
        public void on() {
            tv.on();
        }
        @Override
        public void off() {
            tv.off();
```

```
        }
    }
public class Client { // 客户端
    public static void main(String[] args) {
        abstractFacade af = (abstractFacade)XMLUtil.getBean();
        af.on();
        /*System.out.println("---");
        af.off();*/
    }
}
```

左前灯打开！
右前灯打开！
左后灯打开！
右后灯打开！

图 5.1.6 程序运行结果

程序运行结果，如图 5.1.6 所示。

注意：

（1）本例在增加新的子系统时，只需要增加相应的外观类，而不必修改客户端代码，因而符合开闭原则。

（2）实现对子系统的独立控制，也可以不引入外观类和抽象外观类，直接在客户端的 main()方法里调用子系统，但这不符合开闭原则。

5.2 适配器模式

1．模式动机

将一个接口转换成客户希望的另一个接口，可使接口不兼容的对象一起工作。例如，笔记本电脑的工作电压是 DC 20V，日常生活用电的电压是 220V。若正常使用笔记本电脑，就必须有一个电源适配器，如图 5.2.1 所示。

图 5.2.1 笔记本电脑工作电源的转换

其中，220V 交流电相当于 Adaptee（适配者），客户 Target（目标）是 20V 直流电，电源适配器 Adapter 将被适配者转换成目标。

2．模式定义及角色

适配器模式（Adapter Pattern）指将一个接口转换成客户希望的另一个接口，适配器模式可使接口不兼容的类一起工作，其别名为包装器（Wrapper）。

使用时适配器模式可以划分为类适配器和对象适配器两种，其中，类适配器使用类继承方式，对象适配器使用关联（组合或聚合）方式。

角色 1：适配者 Adaptee 是已存在且具有特定功能，但不符合目标接口的类。它表示被适配的对象。

角色 2：目标 Target，它表示被适配后的对象。

角色 3：适配器 Adapter，它表示适配器对象。

5.2.1 类适配器模式

1．模式结构

类适配器模式中，Adapter 继承类 Adaptee，并可实现接口 Target，如图 5.2.2 所示。

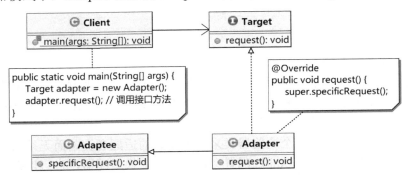

图 5.2.2　类适配器模式类图

注意：

（1）在类适配器模式中 Target 被设计为接口，因为 Java 仅支持单继承。

（2）定义接口 Target 并让 Client 关联 Target 接口，体现面向抽象编程，可以灵活选用不同的类适配器。

2．模式实现

【例 5.2.1】类适配器模式的示例。

程序代码如下：

```
package adapter_class;
class Adaptee {    //适配者
    public void specificRequest() {
        System.out.println("被适配对象具有特殊功能...");
    }
}
interface Target {    //目标
    public void request();
}
class Adapter extends Adaptee implements Target { //适配器（类继承+实现标准接口）
    //实现接口方法
    public void request() {
        //调用基类方法
```

```
        super.specificRequest();    //super 表示父类对象
    }
}
public class Client {    //测试类
    //客户端面向抽象编程
    private static Target adapter;    //Client 关联 Target
    public static void main(String[] args) {
        adapter = new Adapter();    //可以选择不同类型的适配器
        adapter.request();    //调用接口方法
    }
}
```

3．模式评价

类适配器模式的优点如下。

将目标类和适配者类解耦，可通过引入一个适配器类来重用现有的适配者类，而无须修改原有代码。增加了类的透明性和复用性，将具体的实现封装在适配者类中，对于客户端类来说是透明的，并且提高了适配者的复用性。

（1）适配器模式通过引入一个适配器类来重用现有的适配者类，而无须修改原有代码。

（2）使用适配器模式时，可以通过配置文件方便地更换适配器，也可以在不修改原有代码的基础上增加新的适配器类，这完全符合开闭原则。

（3）因为 Java 只支持单继承，所以当要适配多个类时，只能使用对象适配器。

5.2.2 对象适配器模式

1．模式结构

在对象适配器模式中，类 Adapter 继承抽象类 Target，同时关联 Adaptee 对象，如图 5.2.3 所示。

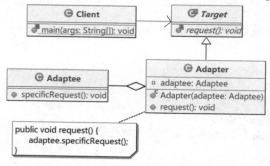

图 5.2.3　对象适配器模式类图

注意：

（1）对象适配器与类适配器角色相同，但类（接口）间关系不同。

（2）对象适配器模式中的 Target 可以是接口或抽象类。

2．模式实现-

【例 5.2.2】对象适配器模式的示例。

程序代码如下：

```java
package adpter_object;
class Adaptee {    //被适配者
    public void specificRequest() {
        System.out.println("使用适配者功能...");
    }
}
abstract class Target {    //目标
    public abstract void request();
}
class Adapter implements Target {    //适配器
    private Adaptee adaptee; // Adapter 聚合 Adaptee
    public Adapter(Adaptee adaptee) {    //通过构造器注入
        this.adaptee = adaptee;
    }
    @Override
    public void request() {
        adaptee.specificRequest();    //关键点
    }
}
public class Client {    //客户端
    private static Target adapter;    // Client 关联 Target 可面向抽象编程
    public static void main(String[] args) {
        adapter = new Adapter(new Adaptee());    //创建适配器对象，并通过构造器注入
        adapter.request(); //调用抽象方法
    }
}
```

3．模式评价

（1）在对象适配器中，可以将 Target 设计为抽象类，但类适配器不可以。

（2）对象适配器模式可以把多个不同的适配器适配到同一目标。

5.2.3 双向适配器模式

对象适配器使用时，如果在适配器中同时包含对目标类和适配者类的引用，适配者可以通过它调用目标类中的方法，目标类也可以通过它调用适配者类中的方法，那么该适配器就是一个双向适配器。

【例 5.2.3】使用双向适配器，实现狗与猫相互模仿的动作。

分别设计接口 Cat 和 Dog，让对象适配器 Adapter 同时实现这两个接口，使这两个适配者 ConcreteCat 和 ConcreteDog 分别作为相应接口的实现类，如图 5.2.4 所示。

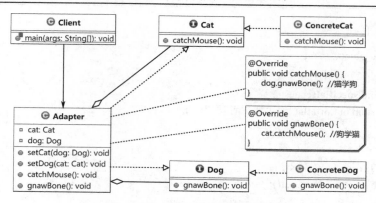

图 5.2.4 双向适配器模式类图

程序代码如下：

```java
package adapter2;
interface Cat {      //目标接口
    public void catchMouse();    //抓老鼠
}
interface Dog {      //目标接口
    public void gnawBone();      //啃骨头
}
class ConcreteCat implements Cat {      //适配者
    //实现接口方法
    public void catchMouse() {
        System.out.println("抓老鼠...");
    }
}
class ConcreteDog implements Dog {      //适配者
    //实现接口方法
    public void gnawBone() {
        System.out.println("啃骨头...");
    }
}
class Adapter implements Cat, Dog {     //双向适配器
    private Cat cat;     //Adapter 聚合 Cat
    private Dog dog;     //Adapter 聚合 Dog
    public void setDog(Dog dog){
        this.dog = dog;
    }
    public void setCat(Cat cat){
        this.cat = cat;
    }
    //实现接口方法
    public void catchMouse() {     //Cat 接口方法
```

```
            dog.gnawBone();    //猫学狗
        }
        //实现接口方法
        public void gnawBone() {    //Dog 接口方法
            cat.catchMouse();    //狗学猫
        }
    }
    public class Client {    //客户端
        public static void main(String[] args) {
            Adapter adapter = new Adapter();    //Client 关联 Adapter
            adapter.setDog(new ConcreteDog());
            adapter.setCat(new ConcreteCat());
            System.out.println("猫学狗");
            adapter.catchMouse();
            System.out.println("=========");
            System.out.println("狗学猫");
            adapter.gnawBone();
        }
    }
```

程序运行结果,如图 5.2.5 所示。

```
猫学狗
啃骨头...
=========
狗学猫
抓老鼠...
```

图 5.2.5 程序运行结果

5.3 组 合 模 式

1. 模式动机

树状结构在软件开发中随处可见,如操作系统的文件目录结构、应用软件中的菜单结构和公司组织机构等。

2. 模式定义

组合模式(Composite Pattern)指组合多个对象形成树状结构,以表示具有部分-整体关系的层次结构。组合模式可以使客户端统一地对待单个对象和组合对象。

组合模式又称部分-整体(Part-Whole)模式,它能将对象组织到树状结构中,用以描述整体与部分的关系。

组合模式属于对象结构型模式。

3. 模式结构及角色分析

在组合模式中,叶子构件与容器构件都继承了抽象构件,容器构件同时又聚合了抽象构件,如图 5.3.1 所示。

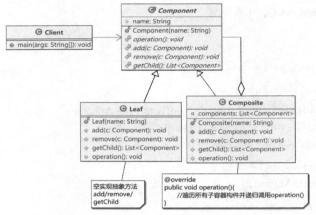

图 5.3.1　组合模式类图

角色 1:抽象构件 Component,它可以是接口或抽象类。此处为抽象类,定义了抽象的业务方法 operation ()和增加/删除/获取子构件的抽象方法 add()/remove()/getChild()。

角色 2:叶子构件 Leaf,它作为 Component 的子类,表示树状对象结构的叶子结点,重写了 Component 的抽象方法。

角色 3:容器构件 Composite,它作为 Component 的子类,表示容器结点对象,重写 Component 的抽象方法,并聚合了 Component。

要点:通过创建异常类 UnsupportedOperationException 对象或空实现,可同等地看待叶子结点和容器结点。

4. 模式实现

组合模式根据抽象构件的定义形式,可划分为透明组合模式和安全组合模式。

在透明组合模式中,子类 Leaf 除重写业务方法 operation ()外,还要重写基类 Component 用于管理成员对象的方法 add()/remove()/getChild()。如果这些管理成员的方法没有重写,在运行阶段调用时就会抛出异常。也就是说,透明组合模式不够安全,这是因为叶子对象与容器对象是有本质区别的。

在安全组合模式中,Component 不用声明管理成员对象的方法 add()/remove()/getChild(),而是在 Composite 中声明并实现。这种做法是安全的,因为它不会向 Leaf 提供管理成员对象的那些方法。

【例 5.3.1】使用透明组合模式,输出"学校—学院—系(专业)"三级结构。

将学校、学院和系抽象为 Component,它包含叶子构件和容器构件,分别使用类 Leaf 和 Composite 表示,它们是 Component 的子类,operation()用于输出组件名称。项目完成后的类文件,如图 5.3.2 所示。

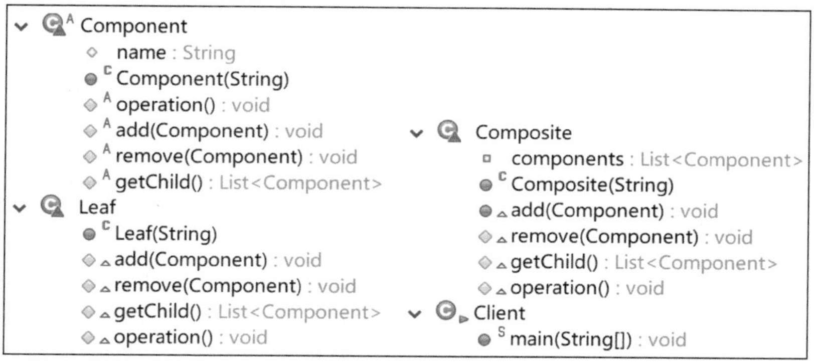

图 5.3.2　项目类文件

程序代码如下：

```java
package composite;
abstract class Component{    //抽象构件
    protected String name;   //组件名称
    public Component(String name) {    //构造方法
        this.name = name;
    }
    protected   abstract void operation();    //业务方法
    protected abstract void add(Component c);    //增加成员
    protected abstract void remove(Component c);    //删除成员
    protected abstract List<Component> getChild();    //获取成员
}
class Leaf extends Component{    //叶子构件
    public Leaf(String name) {
        super(name);    //调用父类构造方法
    }
    @Override
    protected void add(Component c) {
        throw new UnsupportedOperationException();    //可以是空实现
    }
    @Override
    protected void remove(Component c) {
        throw new UnsupportedOperationException();    //可以是空实现
    }
    @Override
    protected List<Component> getChild() {
        throw new UnsupportedOperationException();    //return null;
    }
    @Override
    protected void operation() {    //打印组件名称
        System.out.println(name);
```

```java
    }
}
class Composite extends Component{    //容器构件
    //JDK 8 泛型新特性（后面的泛型类可省略）
    private List<Component> components = new ArrayList<>();    //Composite 组合 Component
    public Composite(String name) {    //构造器
        super(name);
    }
    @Override
    public void add(Component c) {
        components.add(c);
    }
    @Override
    protected void remove(Component c) {
        components.remove(c);
    }
    @Override
    protected List<Component> getChild() {    //返回子组件
        return components;
    }
    @Override
    protected void operation() {
        System.out.println("----"+name+"----");
        for(Component c:components) {    //遍历子组件
            c.operation();    //方法递归调用
        }
    }
}
public class Client {    //客户端
    public static void main(String[] args) {
        Component university,computerCollege,infoEngineerCollege;    //Client 关联 Component
        //创建根容器组件
        university = new Composite("清华大学");
        //创建2个子容器组件
        computerCollege = new Composite("计算机学院");
        university.add(computerCollege);
        infoEngineerCollege = new Composite("信息工程学院");
        university.add(infoEngineerCollege);
        //创建叶子构件并添加到相应的容器组件中
        computerCollege.add(new Leaf("软件工程系"));
        computerCollege.add(new Leaf("网络工程系"));
        computerCollege.add(new Leaf("计算机科学与技术系"));
```

```
            infoEngineerCollege.add(new Leaf("通信工程系"));
            infoEngineerCollege.add(new Leaf("电子工程系"));
            university.operation(); //调用递归方法，遍历根容器组件
            //computerCollege.operation(); //调用递归方法，遍历特定子容器组件
            // new Leaf("计算机科学与技术系").operation(); //调用递归方法，遍历叶子构件
        }
    }
```

在客户端程序中，面向抽象的 Component 组件编程，依次创建容器结点和叶子结点，遍历根容器组件的结果，如图 5.3.3 所示。

通过在程序里设置断点并进行 Debug 调试，可得到校、院、系（专业）组成的对象树，如图 5.3.4 所示。

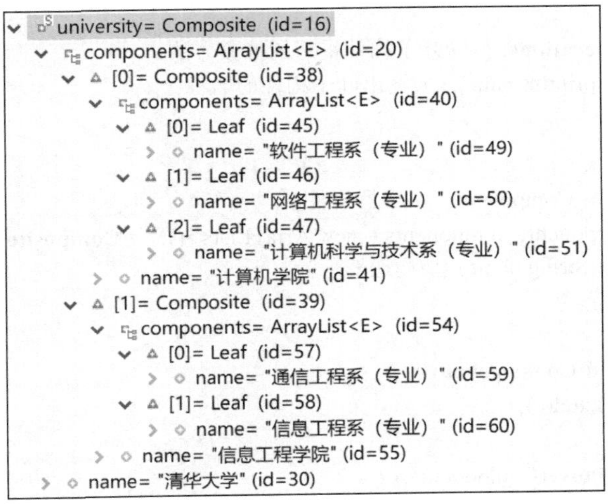

```
----清华大学----
  ----计算机学院----
    软件工程系
    网络工程系
    计算机科学与技术系
  ----信息工程学院----
    通信工程系
    电子工程系
```

图 5.3.3　程序运行结果

图 5.3.4　对象树状结构在计算机内的表示

【例 5.3.2】 使用安全组合模式输出"学校—学院—系（专业）"三级结构。

在安全组合模式中，Component 还是 Leaf 和 Composite 的共同基类，抽象方法只有一个 operation()，仅在 Composite 中定义管理成员对象的方法 add()/remove()/getChild()。项目完成后的类文件，如图 5.3.5 所示。

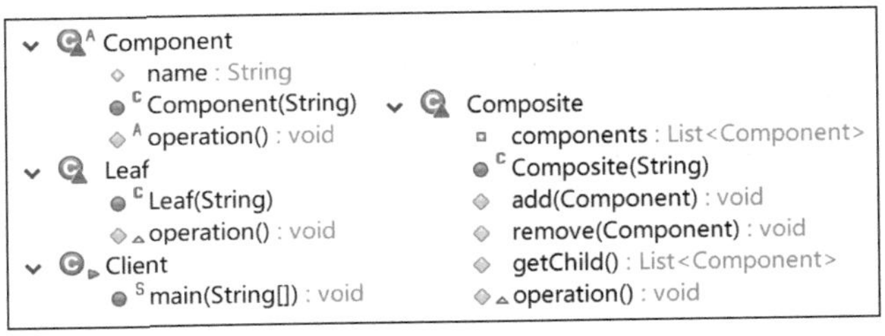

图 5.3.5　项目类文件

程序代码如下：

```java
package composite1;
import java.util.ArrayList;
import java.util.List;
abstract class Component{    //抽象构件
    protected    String name;
    public Component(String name) {    //构造方法
        this.name = name;
    }
    protected   abstract void operation();   //业务方法
}
class Leaf extends Component{    //叶子构件
    public Leaf(String name) {
        super(name);    //调用父类构造方法
    }
    @Override
    protected void operation() {   //叶子构件重写的抽象方法
        System.out.println(name);   //输出叶子构件的名称
    }
}
class Composite extends Component{    //容器构件
    private List<Component> components = new ArrayList<>();    //Composite 组合 Component
    public Composite(String name) { //构造器
        super(name);
    }
    protected void add(Component c) {
        components.add(c);
    }
    protected void remove(Component c) {
        components.remove(c);
    }

    protected List<Component> getChild() {
        return components;
    }

    @Override
    protected void operation() {   //容器构件重写的抽象方法
        System.out.println(name);   //输出容器组件名称
        for(Component c:components) {    //遍历容器组件
            c.operation();    //方法递归调用
        }
    }
}
public class Client {   //客户端
    public static void main(String[] args) {
```

```
        Composite university,computerCollege,infoEngineerCollege;
        //创建根容器组件
        university = new Composite("清华大学");

        //创建 2 个子容器组件
        computerCollege = new Composite("计算机学院");
        university.add(computerCollege);
        infoEngineerCollege = new Composite("信息工程学院");
        university.add(infoEngineerCollege);

        //创建叶子组件并添加到相应的容器组件中
        computerCollege.add(new Leaf("软件工程系（专业）"));
        computerCollege.add(new Leaf("网络工程系（专业）"));
        computerCollege.add(new Leaf("计算机科学与技术系（专业）"));
        infoEngineerCollege.add(new Leaf("通信工程系（专业）"));
        infoEngineerCollege.add(new Leaf("信息工程系（专业）"));

        university.operation(); //调用递归方法，遍历根容器组件
        //computerCollege.operation(); //调用递归方法，遍历特定子容器组件
        //new Leaf("计算机科学与技术系（专业）").operation(); //调用递归方法，遍历叶子构件
    }
}
```

注意：在本程序的 main() 中，声明的容器组件为 Composite 类型。如果将其声明为 Component 类型，则后面的代码需要进行类型强转。

5．模式评价

组合模式的优点如下。

（1）使客户端调用简单，由于客户端可以一致地使用组合结构或其中单个对象，用户可不必关心自己处理的是单个对象，还是整个组合结构，这就简化了客户端代码。

（2）定义了包含叶子对象和容器对象的类层次结构，叶子对象可以被组合成更复杂的容器对象，而这个容器对象又可以被组合，然后不断地递归下去。

（3）客户端不会因为加入了新的构件对象而更改代码。

（4）安全组合模式避免了透明组合模式的安全性问题，但失去了透明性。

5.4　代理模式及应用

5.4.1　代理模式

1．模式动机

当一个客户不想或不能够直接引用一个对象时，代理对象就可以在客户端和目标对象之间起到中介的作用，删除客户不能看到的内容和服务，或者增添客户需要的额外服务。例如，在网页上查看一张图片时，由于网速等原因，图片不能立即显示时，就可以在图片传输过程中，先把一些简单的用于描述图片的文字，或者原图的缩略图传输到客户端上。此时，这些文字或缩略图就成为原图片的代理。

在访问服务器上的数据库时，如果需要用户更多地去关注处理技术实现的问题，就会忽视本来应该关注的业务逻辑。代理模式有助于解决这些问题。

代理模式的常用场景如下。

（1）不希望用户直接访问某个对象时，就可以提供一个代理对象用以控制对其访问；

（2）一个对象需要操作很长的时间才能加载完成；

（3）对象位于远程主机上，需要为用户提供远程访问能力。

2．模式定义

代理模式（Proxy Pattern 或 Surrogate Pattern）指给某对象提供一个代理，并由代理对象控制对原对象的引用。代理模式是一种对象结构型模式。

3．模式结构及角色分析

在代理模式中，除客户端外共有 3 个角色，如图 5.4.1 所示。

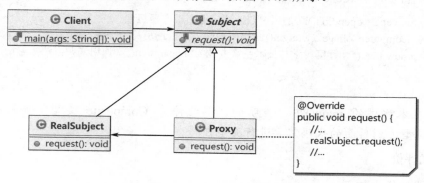

图 5.4.1　代理模式类图

角色 1：抽象主题 Subject，它声明了真实主题和代理主题的共同抽象类，可定义一个抽象的请求方法 request()。

角色 2：真实主题 RealSubject，它定义了代理角色所代表的真实对象，可继承 Subject，并重写了抽象方法 request()。

角色 3：代理 Proxy，它继承 Subject，并重写了抽象方法 request()。Proxy 关联 RealSubject 时，其内部含有对真实主题的引用，从而可以在任何时候操作真实主题对象。

注意：

（1）代理模式中的类 RealSubject 和 Proxy 有共同的父类。

（2）Client 关联 Subject 体现了面向抽象编程。Subject 可以被设计为抽象类或接口。

（3）Proxy 重写的抽象方法 request()可通过调用真实主题来完成，并在操作方法的前后添加一些额外的操作方法，即增强方法。

4．模式实现

【例 5.4.1】代理模式的简明示例。

程序代码如下：

```java
package proxy;
abstract class Subject{    //抽象主题
    public abstract void request();    //想象成老师授课
}
class RealSubject extends Subject{    //真实主题
    @Override
    public void request() {
        System.out.println("【代理方法】老师授课中...");
    }
}
class Proxy extends Subject{    //代理
    private RealSubject realSubject;    //聚合

    public Proxy() {
        this.realSubject=new RealSubject();
    }
    public void preRequest() {
        System.out.println("【开始代理,执行某些操作】");
    }
    public void postRequest() {
        System.out.println("【代理结束】");
    }
    @Override
    public void request() {    //重写抽象方法
        preRequest();    //之前
        subject.request();    //通过代理对象执行目标对象(被代理对象)的核心方法
        postRequest();    //之后
    }
}
public class Client {    //客户端
    public static void main(String[] args) {
        //创建代理对象
        Subject subject = new Proxy();
        //不创建代理对象
        //Subject subject = new RealSubject();
        subject.request();
    }
}
```

程序运行结果,如图 5.4.2 所示。

【开始代理,执行某些操作】
【代理方法】老师授课中...
【代理结束】

图 5.4.2　程序运行结果

5．模式评价

（1）通过代理类这个中间层,能有效地控制对委托类对象的直接访问,可以很好地隐藏和保护委托类对象,同时也为实施不同控制策略预留了空间,从而在设计上获得了更大的灵活性。

（2）在不修改目标对象功能的前提下,能通过代理对象对目标功能进行扩展。

（3）若增加接口方法,则需要同时维护目标对象和代理对象。

5.4.2　静态代理与动态代理

1．静态代理

在代理模式中,代理类所实现的接口和代理方法都已确定,代理类在编译后都会生成一个.class 文件,即静态代理。

静态代理（Static Proxy）使用的局限性主要表现在如下方面。

（1）如果需要为不同的真实主题类提供代理,或者代理一个真实主题类中的不同方法,都需要增加新的代理类,那么静态代理就可能产生类爆炸。

（2）如果需要代理的方法有很多且都使用增强方法,则会导致代理类的不同方法中存在大量相同的代码,使静态代理的重用性不强。

2．动态代理

动态代理可以让系统在运行时根据实际需要动态创建代理类,使同一个代理类能够代理多个不同的目标类,而且可以使用不同的方法。动态代理在事务管理和 AOP（Aspect Oriented Programming,面向切面编程）等领域都有很广泛的应用。

5.4.3　JDK 动态代理及应用

Java 语言提供了对动态代理的支持,所涉及的相关类与接口,如图 5.4.3 所示。

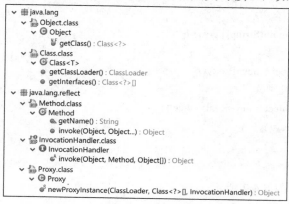

图 5.4.3　JDK 动态代理涉及的相关类与接口

其中，类 java.lang.reflect.Proxy 提供了生成接口实现类对象的代理对象的静态方法 newProxyInstance()，该方法的第 1 参数为类加载器，第 2 参数为被代理类所实现的接口列表，第 3 参数为接口 java.lang.reflect.InvocationHandler 类型的对象（表示调用处理者）。

接口 InvocationHandler 定义的抽象方法 invoke(Object,Method,Object[])用于实现方法反射调用。其中，第 1 参数 Object 表示被代理对象，第 2 参数 Method 表示欲调用的方法，第 3 参数 Object[]表示方法参数数组。在接口 InvocationHandler 实现类重写的方法 invoke()前后，通常会依次增加用于增强被代理对象功能的 before()方法（前置增强）和 after()方法（后置增强）。这种通过接口回调的方式，提供了程序的灵活性和代码的重用性。

由于动态生成的匿名代理继承类 Proxy，可同时实现接口 InvocationHandler。因此，使用 JDK 动态代理要求被代理类是某个（些）接口的实现类（因为 Java 只允许单继承），如图 5.4.4 所示。

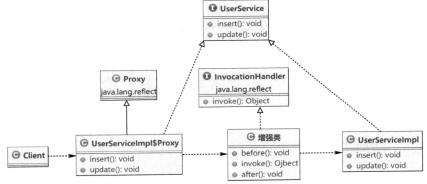

图 5.4.4　JDK 动态代理原理示意

【例 5.4.2】JDK 动态代理的示例。

使用 JDK 动态代理时，代理类是动态生成的，具有很好的通用性。采用 JDK 动态代理实现本地动态代理的项目类文件，如图 5.4.5 所示。

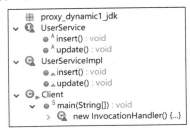

图 5.4.5　项目类文件

程序代码如下：

```
package proxy_dynamic1_jdk;
import java.lang.reflect.InvocationHandler;   //核心接口
import java.lang.reflect.Method;   //协作类
import java.lang.reflect.Proxy;   //核心类
interface UserService{   //定义目标接口
    public void insert();
    public void update();
```

```java
}
class UserServiceImpl implements UserService {    //定义接口实现类，作为被代理类
    //实现接口方法
    public void insert(){
        System.out.println("【代理方法】增加用户");
    }
    //实现接口方法
    public void update(){
        System.out.println("【代理方法】更新用户");
    }
}
public class Client { //客户端
    public static void main(String[] args) {
        //创建被代理对象（接口实现类的对象）
        UserService userService = new UserServiceImpl();    //向上转型
        /*Class<? extends UserService> clazz = userService.getClass();    //对应于类 UserServiceImpl
        System.out.println(clazz);
        ClassLoader classLoader = userService.getClass().getClassLoader();
        System.out.println(classLoader);
        Class<?>[] interfaces = userService.getClass().getInterfaces();
        for(int i = 0;i<interfaces.length;i++) {
            System.out.println(interfaces[i]);
        }*/
        //JDK 动态代理实质是接口类型（本例 UserService）对象（本例 UserService）的代理
        Object newProxyInstance = Proxy.newProxyInstance(    //静态方法
                userService.getClass().getClassLoader(),    //参数 1
                userService.getClass().getInterfaces(),    //参数 2
                new InvocationHandler() {    //参数 3
                    @Override
                    public Object invoke(Object proxy, Method method, Object[] args)
                                                        throws Throwable {    //回调方法
                        System.out.println("执行方法"+method.getName()+"前的业务逻辑");
                        Object obj = method.invoke(userService, args);    //方法的反射调用
                        System.out.println("执行方法"+method.getName()+"后的业务逻辑");
                        return obj;
                    }
                });
        //将代理对象向上转型，实现统一的接口方法调用
        ((UserService)newProxyInstance).insert();
        System.out.println("========================");
        ((UserService)newProxyInstance).update();
        //生成代理类的字节码文件，第 2 参数是拟生成代理类的字节码文件名
        //ProxyUtils.generateClassFile(UserServiceImpl.class,"UserServiceImpl$ProxyCode");
    }
}
```

程序运行结果，如图 5.4.6 所示。

```
执行方法insert前的业务逻辑
【代理方法】增加用户
执行方法insert前的业务逻辑
==========================
执行方法update前的业务逻辑
【代理方法】更新用户
执行方法update前的业务逻辑
```

图 5.4.6　程序运行结果

在上面程序中，使用了接口 InvocationHandler 的匿名实现类。为了程序的阅读方便，可以编写一个该接口的实现类，并封装一个获取代理对象的方法，其代码如下：

```java
class ProxyInvocationHandler implements InvocationHandler{    //定义调用处理者类
    private Object target;    //被代理对象
    public ProxyInvocationHandler(Object target) {    //构造器
        this.target = target;
    }
    //实现接口方法
    public Object invoke(Object proxy, Method method, Object[] args) throws Throwable {
        System.out.println("执行方法"+method.getName()+"前的业务逻辑");
        Object obj = method.invoke(target, args);    //方法的反射调用
        System.out.println("执行方法"+method.getName()+"后的业务逻辑");
        return obj;
    }
    public Object getProxy(){    //获取目标对象 target 的代理对象
        return Proxy.newProxyInstance(
            target.getClass().getClassLoader(),    //参数 1：类加载器
            target.getClass().getInterfaces(),     //参数 2：所有目标接口
            this    //参数 3：接口 InvocationHandler 类型的对象（表示调用处理者）
        );
    }
}
```

在 Java 开发的 IDE（主要是 Eclipse 和 IDEA）中，从静态方法 Proxy.newProxyInstance() 开始，通过对 JDK 源码分析可知，代理类是通过 Proxy 类的 ProxyClassFactory 工厂生成的，它又调用类 sun.misc.ProxyGenerator 的静态方法 generateProxyClass() 来生成代理类的字节码。

生成代理类 Class 文件的工具类源文件 ProxyUtils.java 的代码如下：

```java
//将根据类信息动态生成的代理类（.class 字节码文件），在 IDEA 中可自动反编译
import sun.misc.ProxyGenerator;
//其他导入语句略
class ProxyUtils {    //代理工具类
    public static void generateClassFile(Class<UserServiceImpl> clazz, String proxyName) {
        //根据类信息和提供的代理类名称，生成字节码
        //@SuppressWarnings("restriction")
        byte[] classFile = ProxyGenerator.generateProxyClass(proxyName, clazz.getInterfaces());
        String paths = clazz.getResource(".").getPath();    //保存路径
        System.out.println(paths);
```

```
            FileOutputStream out = null;
            try {
                out = new FileOutputStream(paths + proxyName + ".class");    //保存到硬盘中
                out.write(classFile);
                out.flush();
            } catch (Exception e) {
                e.printStackTrace();
            } finally {
                try {
                    out.close();
                } catch (IOException e) {
                    e.printStackTrace();
                }
            }
        }
    }
}
```

5.4.4　CGLib 动态代理

由于使用 JDK 动态代理技术会略有限制，即被代理的类必须实现某个接口，否则无法使用 JDK 自带的动态代理。因此，如果不满足条件，就可以使用另一种方式灵活、功能更加强大的动态代理技术 CGLib（Code Generation Lib，代码生成库）。Spring 框架会自动在 JDK 代理和 CGLib 之间切换，当然也可以强制 Spring 框架使用 CGLib。

使用 CGLib 之前，需要下载相应的.jar 包（如 cglib-nodep-3.3.0.jar），并 Build Path 到项目。CGLib 相关的 API，如图 5.4.7 所示。

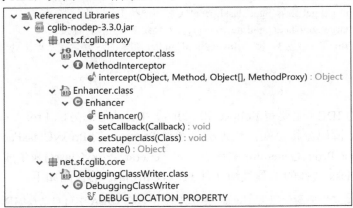

图 5.4.7　CGLib 相关的 API

CGLib 代理与 JDK 代理的不同点：①使用 MethodInterceptor 代替了 InvocationHandler；②被代理类除是接口的实现类外，还可以是某个抽象类的子类。

【例 5.4.3】CGLib 动态代理的示例。

程序代码如下：
```
package proxy_dynamic2_cglib;
import java.lang.reflect.Method;
import net.sf.cglib.core.DebuggingClassWriter;
```

```java
import net.sf.cglib.proxy.Enhancer;
import net.sf.cglib.proxy.MethodInterceptor;
import net.sf.cglib.proxy.MethodProxy;
interface PersonService {    //定义接口也可以设计为抽象类
    public abstract String addPerson ();
    public abstract void deletePerson();
}

class PersonServiceImpl implements PersonService{
    //定义接口实现类
    public String addPerson () {
        System.out.println("添加");
        return "保存成功！";
    }
    //定义接口实现类
    public void deletePerson() {
        System.out.println("删除");
    }
}
class MyTransaction {    //增强类
    public void beginTransaction(){
        System.out.println("开启事务 ");
    }
    public void commit(){
        System.out.println("提交事务");
    }
}
class PersonServiceMethodInterceptor implements MethodInterceptor{    //方法拦截器
    private Object target;    //目标类
    private MyTransaction myTransaction;    //聚合增强类
    //构造函数注入目标类和增强类
    public PersonServiceMethodInterceptor(Object target,MyTransaction myTransaction){
        this.target = target;
        this.myTransaction = myTransaction;
    }
    public Object createProxy(){    //创建代理对象
        Enhancer enhancer = new Enhancer();    //enhance：增强
        enhancer.setCallback(this);
        enhancer.setSuperclass(this.target.getClass());
        return enhancer.create();
    }
    //定义接口实现类
    public Object intercept(Object arg0, Method arg1, Object[] arg2,MethodProxy arg3)
                    throws Throwable {    //接口方法：拦截
```

```java
                myTransaction.beginTransaction();      //前置增强方法
                Object returnValue = arg1.invoke(this.target, arg2);   //方法反射调用
                myTransaction.commit();     //后置增强方法
                return returnValue;
            }
        }
    }
    public class Client {   //客户端
        public static void main(String[] args) {
            //设置文件夹 decompile 存放代理对象的类文件，在 IDEA 中可查看其源码
            System.setProperty(DebuggingClassWriter.DEBUG_LOCATION_PROPERTY,
                        "src/proxy_dynamic2_cglib/decompile");   //用于输出代理对象（字节码形式）
            Object target = new PersonServiceImpl();   //目标对象
            MyTransaction myTransaction = new MyTransaction();   //增强代理方法的事务
            PersonServiceMethodInterceptor interceptor = new PersonServiceMethodInterceptor(target,
                                                                    myTransaction);
            PersonService personServiceProxy = (PersonService) interceptor.createProxy();  //创建代理对象
            personServiceProxy.deletePerson();    //执行代理方法
            System.out.println("=========");
            String returnValue = personServiceProxy. addPerson ();
            System.out.println(returnValue);
        }
    }
```

程序运行结果，如图 5.4.8 所示。

```
CGLIB debugging enabled, writing to 'src/proxy_dynamic2_cglib/decompile'
开启事务
删除
提交事务
=========
开启事务
添加
提交事务
保存成功！
```

图 5.4.8　程序运行结果

将生成代理类的字节码文件反编译为 Java 源程序后的代码如下：
public class PersonServiceImpl$$EnhancerByCGLIB$$13d60bde extends PersonServiceImpl
　　　　　　　　　　　　　　　　　　　　　　　　　　　implements Factory {…}

这表明代理类继承被代理类，因此，本例中的 PersonService 接口也可以被设计为抽象类。相应地，类 PersonServiceImpl 可继承抽象类 PersonService。

5.4.5　远程代理、RMI 与 RPC

远程代理（Remote Proxy）是一种常见的代理模式，它隐藏了网络的通信细节，使客户端可以访问在远程主机里的对象。通俗地说，远程代理是远程对象的本地代表，它是在不同地址空间运行的远程对象，如图 5.4.9 所示。

远程代理通过远程代理对象完成网络的通信工作，实现对远程业务方法的调用。客户端不能直接访问远程主机中的业务对象，只能以间接方式访问。远程业务对象在本地主机（客户端）中有一个代理对象，该对象负责对远程业务对象的访问和网络通信。Java 已经提供了

相关 API，以帮助实现远程代理。

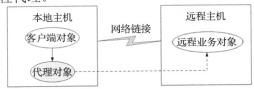

图 5.4.9 远程代理示意

1．使用 JDK 动态代理实现 RPC

IPC（Inter-Process Communication，进程间通信）是指不同进程或线程间传送消息的一些技术和方法。RPC（Remote Procedure Call，远程过程调用）是指通过网络从远程计算机上请求调用某种服务。RPC 不依赖于具体的网络传输协议，如 TCP 和 UDP 等都可以。

注意：

（1）RPC 是一般性概念，是网络版的 IPC，与操作系统和语言无关。

（2）RPC 假定传输协议（如 TCP 或 UDP）已经存在，可为通信程序之间携带数据。

【例 5.4.4】使用 JDK 动态代理实现 RPC。

JDK 动态代理通过封装 Socket 通信细节来实现 RPC，它要求服务端与客户端有共同的接口，服务端暴露接口实现类的类型对象，客户端可引用该对象。完成后的项目文件系统，如图 5.4.10 所示。

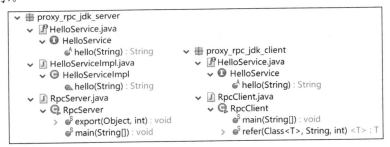

图 5.4.10 使用 JDK 动态代理实现远程过程调用项目文件系统

服务端与客户端共同的接口文件代码如下：

```java
//包名省略
public interface HelloService {
    String hello(String name);
}
```

服务端接口实现类的文件代码如下：

```java
package proxy_rpc_jdk_server;
public class HelloServiceImpl implements HelloService {
    //实现接口方法
    public String hello(String name) {
        return "Hello " + name;
    }
}
```

服务端程序负责创建接口实现类的实例并暴露在服务端口，启动一个线程监听来自客户端的请求，反序列化方法名、参数类型及参数数组后，使用 Java 方法反射调用并将结果序列化后，通过 Socket 通信响应给客户端。服务端程序文件的代码如下：

```java
package proxy_rpc_jdk_server;
import java.io.ObjectInputStream;
import java.io.ObjectOutputStream;
import java.lang.reflect.Method;
import java.net.ServerSocket;
import java.net.Socket;
public class RpcServer {    //RPC 服务端
    public static void main(String[] args) throws Exception {
        //创建服务对象
        HelloService service = new HelloServiceImpl();
        //暴露服务对象，以服务对象和端口作为参数
        export(service, 1234);
    }
    private static void export(final Object service, int port) throws Exception {   //暴露服务方法
        if (port <= 0 || port > 65535)   throw new IllegalArgumentException("Invalid port " + port);
        //显示服务对象（接口实现类对象）及其服务端口
        System.out.println("Export service " + service.getClass().getName() + " on port " + port);
        System.out.println("Server is ready...");
        @SuppressWarnings("resource")
        ServerSocket server = new ServerSocket(port);   //创建 Socket 服务端
        while(true){   //循环
            try {
                final Socket socket = server.accept();    //阻塞式监听
                new Thread(new Runnable() {   //创建线程
                    @Override
                    public void run() {   //重写方法
                        try {
                            ObjectInputStream input = new ObjectInputStream(
                                            socket.getInputStream());    //对象输入流
                            ObjectOutputStream output = new ObjectOutputStream(
                                            socket.getOutputStream());    //对象输出流
                            //反序列化：依次接收方法名、参数类型和参数数组
                            String methodName = input.readUTF();
                            Class<?>[] parameterTypes = (Class<?>[]) input.readObject();
                            Object[] arguments = (Object[]) input.readObject();
                            Method method = service.getClass().getMethod(
                                            methodName, parameterTypes);
                            Object result = method.invoke(service, arguments);   //Java 反射调用
                            output.writeObject(result); //结果对象序列化
                        } catch (Exception e) {
                            e.printStackTrace();
                        }
```

```
            }).start();          //启动线程
        } catch (Exception e) {
            e.printStackTrace();
        }
    }
}
```

客户端程序使用 JDK 动态代理生成一个代理对象。通过代理对象调用接口方法时，可使用 Socket 通信方式，向服务器发送数据（需要序列化），并等待结果返回（需要反序列化）。客户端程序文件的代码如下：

```
package proxy_rpc_jdk_client;
import java.io.ObjectInputStream;
import java.io.ObjectOutputStream;
import java.lang.reflect.InvocationHandler;
import java.lang.reflect.Method;
import java.lang.reflect.Proxy;
import java.net.Socket;
public class RpcClient {      //客户端
    public static void main(String[] args) throws Exception {
        //在客户端引用服务端，获取服务接口代理的实例
        //第 2 参数和第 3 参数分别为主机地址（需要根据实际来修改）及其监听端口
        HelloService service = refer(HelloService.class, "192.168.43.115", 1234);    //获得代理对象
        //HelloService service = refer(HelloService.class, "127.0.0.1", 1234);
        //当一台计算机既是服务器又是客户端时，服务器地址 192.168.43.115 可以写成 127.0.0.1
        for(int i = 0; i < 4; i ++){
            String hello = service.hello("World" + i);   //使用代理对象
            System.out.println(hello);
            Thread.sleep(1000);
        }
    }
    @SuppressWarnings("unchecked")
    public static <T> T refer(final Class<T> interfaceClass, final String host, final int port)
                                                                    throws Exception {
        //显示远程服务接口、主机名端口等信息
        System.out.println("Get remote service " + interfaceClass.getName() + " from server " +
                                                                    host + ":" + port);
        return (T) Proxy.newProxyInstance(        //返回代理对象
            interfaceClass.getClassLoader(),      //参数 1：类加载器
            new Class<?>[] {interfaceClass},      //参数 2：被代理类实现的接口
            new InvocationHandler() {             //参数 3：调用处理者的接口类型
                @Override
                public Object invoke(Object proxy, Method method, Object[] arguments) throws Throwable {
                    Socket socket = new Socket(host, port);    //创建 Socket 客户端
                    try {
```

```java
            //创建对象输出流，用于请求对象序列化（二进制流传输）
            ObjectOutputStream output = new ObjectOutputStream(socket.getOutputStream());
            output.writeUTF(method.getName());    //对象序列化
            output.writeObject(method.getParameterTypes());
            output.writeObject(arguments);
            //创建对象输入流，用于响应信息反序列化
            ObjectInputStream input = new ObjectInputStream(socket.getInputStream());
            Object result = input.readObject();    //反序列化
            return result;
        } finally {
            socket.close();
        }
    }
});
}
```

为了验证远程访问效果，需要将服务端程序和客户端程序分别存放至同一网段内的两台计算机中，先运行服务端程序，后运行客户端程序。程序运行结果，如图 5.4.11 所示。

```
Console
RpcServer (1) [Java Application] C:\Program Files\Java\jdk1.8.0_121\bin\javaw.exe (2020年7月15日 上午7:04:12)
Export service proxy_rpc_jdk_server.HelloServiceImpl on port 1234
Server is ready...
<terminated> RpcClient (1) [Java Application] C:\Program Files\Java\jdk1.8.0_121\bin\javaw.exe (2020年7月15日 上午7:06:52)
Get remote service proxy_rpc_jdk_client.HelloService from server 192.168.43.115:1234
Hello World0
Hello World1
Hello World2
Hello World3
```

图 5.4.11　程序运行结果

2. 使用 RMI 实现 RPC

使用 JDK 动态代理实现 RPC 时，因涉及网络传输需要进行对象序列化（含反序列化）和 Socket 通信，其过程较为烦琐。RMI（Remote Method Invocation，远程方法调用）是 Java 用于开发分布式应用程序的一组 API，可使用接口 java.rmi.Remote 定义远程服务对象，使用类 java.rmi.server.UnicastRemoteObject 的静态方法 exportObject()暴露远程服务对象，以及使用类 java.rmi.register.LocateRegistry 进行注册如图 5.4.12 所示。

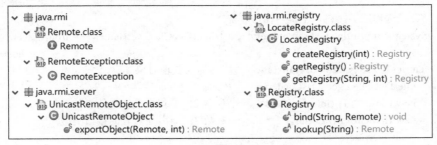

图 5.4.12　RMI 相关 API

RMI 集合了 Java 序列化和 Java 远程方法协议（Java Remote Method Protocol），使得客户

端 Java 虚拟机上的对象，可如调用本地对象一样调用服务端 Java 虚拟机里对象的方法。

注意：

（1）RMI 是对 JDK 动态代理实现 RPC 的简化。

（2）Java 是面向对象的，因此，RMI 的调用结果只能是对象类型或基本数据类型。

（3）RMI 只适用于 Java，可以认为 RMI 是 RPC 的 Java 版本的另一种实现。

（4）RMI 是 Java 创建分布式应用的技术基石。

【例 5.4.5】 使用 RMI 实现远程代理（RPC）。

使用 RMI 实现 RPC 时，要求服务端与客户端有共同的接口，项目完成后的类文件，如图 5.4.13 所示。

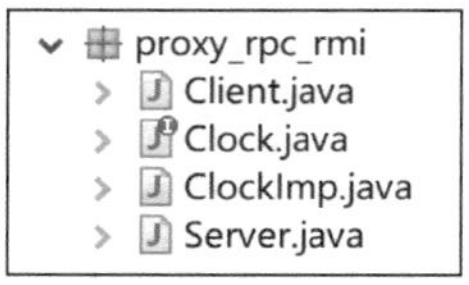

```
proxy_rpc_rmi
    Client.java
    Clock.java
    ClockImp.java
    Server.java
```

图 5.4.13　项目类文件

服务端与客户端共同的接口 Clock，可作为 java.rmi.Remote 的子接口，其文件代码如下：

```java
//包名省略
/*
    Remote 接口：用于标识可以从非本地虚拟机调用其方法，它不包含任何方法的声明
    子接口的方法声明中需要使用子句 throws RemoteException
 */
import java.rmi.Remote;
import java.rmi.RemoteException;
import java.time.LocalDateTime;
public interface Clock extends Remote {    //接口继承
    LocalDateTime currentTime() throws RemoteException;    //接口方法
}
```

供服务端使用的接口 Clock 实现类 ClockImp 的文件代码如下：

```java
package proxy_rpc_rmi;
import java.rmi.RemoteException;
import java.time.LocalDateTime;
public class ClockImp implements Clock { // 接口实现
    //实现接口方法
    public LocalDateTime currentTime() throws RemoteException{
        return LocalDateTime.now(); // 静态方法
    }
}
```

使用服务端依次创建接口的实例、暴露服务对象、创建注册表和使用服务对象的名称绑定，其文件代码如下：

```java
package proxy_rpc_rmi;
import java.rmi.registry.LocateRegistry;
import java.rmi.registry.Registry;
```

```java
import java.rmi.server.UnicastRemoteObject;
public class Server {    //服务端
    public static void main(String[] args) throws Exception {
        //创建接口的实例
        Clock clock = new ClockImp();
        //将接口对象暴露到网络
        Clock stub = (Clock)UnicastRemoteObject.exportObject(clock,1099);    //stub：桩（存根）
        //创建一个对特定端口调用的远程对象注册表
        Registry registry = LocateRegistry.createRegistry(1099);
        //给远程对象绑定一个使用名称
        registry.bind("clock1",stub);
        System.out.println("Clock Server is ready...");
    }
}
```

客户端依次获取注册器、查找服务对象和服务方法的调用，其文件代码如下：

```java
package proxy_rpc_rmi;
import java.rmi.registry.LocateRegistry;
import java.rmi.registry.Registry;
import java.time.LocalDateTime;
public class Client {    //客户端
    public static void main(String[] args) throws Exception {
        //获取特定主机（包括本地主机）在默认注册表端口 1099 上对远程对象 Registry 的引用
        Registry registry = LocateRegistry.getRegistry();    //参数 null 对应本机地址
        //Registry registry = LocateRegistry.getRegistry("192.168.43.115",1099);    //指定服务端主机 IP 地址
        //从注册表里查找远程名为 Clock1 的接口 Clock 类型的对象
        Clock clock = (Clock)registry.lookup("clock1");
        //调用接口方法
        LocalDateTime dt = clock.currentTime();
        System.out.println("RMI result："+dt);
    }
}
```

为了验证远程访问效果，可同时打开两个 Eclipse，分别存放于服务端程序和客户端程序中，它们使用的包名及接口必须相同。执行时应先运行服务端程序，后运行客户端程序。程序运行结果，如图 5.4.14 所示。

```
Console
Server (1) [Java Application] C:\Program Files\Java\jdk1.8.0_121\bin\javaw.exe (2020年7月15日 下午4:22:56)
Clock Server is ready...

Console
<terminated> Client (108) [Java Application] C:\Program Files\Java\jdk1.8.0_121\bin\javaw.exe (2020年7月15日 下午4:23:32)
RMI result: 2020-07-15T16:23:33.093
```

图 5.4.14 程序运行结果

注意：客户端只包含接口和客户端程序，并不包含接口实现。

5.5 桥 接 模 式

1. 模式动机

若需要同时考虑手机品牌和手机软件，可使用继承得到的类间结构关系具体如图 5.5.1 所示。

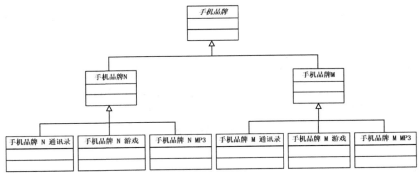

图 5.5.1　使用继承得到的手机品牌与手机软件的类图

上述设计方案存在的问题是新增手机品牌或手机软件将会产生更多的类。例如，现有 2 种品牌和 3 种软件共 6 个类（6 = 2*3）。如果再增加一种软件，将多产生 2 个类，共 8 个类（8 = 2*4）。

当一个抽象可能有多个实现时，通常使用继承来协调。抽象类定义该抽象的接口，具体的子类则用不同方式加以实现。但是，此方法有时不够灵活。继承机制将抽象部分与它的实现部分固定在一起，所以难以对抽象部分和实现部分独立地进行修改、扩充和重用。

2. 模式定义

桥接模式（Bridge Pattern）可将抽象部分与其实现部分进行分离，使它们都可以独立变化。桥接模式是一种对象结构型模式，又称为柄体（Handleand Body）模式或接口（Interface）模式。

3. 模式结构及角色分析

桥接模式类图如图 5.5.2 所示。

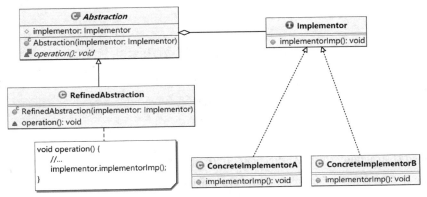

图 5.5.2　桥接模式类图

角色 1：实现类接口 Implementor 可定义抽象方法 implementorImp()。
角色 2：抽象类 Abstraction 定义了抽象方法 operation()，并可聚合 Implementor。
角色 3：具体实现类 ConcreteImplementor 可作为 Implementor 的实现类。
角色 4：扩充抽象类 RefinedAbstraction 可作为 Abstraction 的子类。

在桥接模式中，抽象部分与实现部分可以独立变化，即它们是松耦合。另外，使用对象聚合方式可像一座桥一样，实现抽象部分对实现部分的调用。

要点：将对象的属性抽象成接口，并延迟到子类中实现。RefinedAbstraction 重写的抽象方法 operation()可通过调用 Implementor 对象的接口方法 implementorImp()来完成。

4．模式实现

下面以手机的通话功能为例，说明桥接模式的使用，其要点如下。

（1）手机具有不同的品牌属性，可将品牌定义为接口，并将通电话方法定义为接口方法；

（2）手机可以有不同的款式，如折叠式、平板、滑盖等。因此，将手机款式定义为抽象类，并聚合品牌接口（任何款式的手机都有一个品牌）。

【例 5.5.1】桥接模式示例。

程序代码如下：

```java
interface Implementor{    //接口（品牌）
    public void implementorImp();    //接口方法（通电话）
}
abstract class Abstraction{    //抽象类（手机）
    protected Implementor implementor;    //聚合品牌接口
    public Abstraction(Implementor implementor) {    //构造器
        this.implementor = implementor;
    }
    abstract void operation();    //抽象方法
}
class ConcreteImplementorA implements Implementor{    //具体实现
    //实现接口方法
    public void implementorImp() {
        System.out.println("使用小米手机打电话");
    }
}
class ConcreteImplementorB implements Implementor{    //具体实现
    //实现接口方法
    public void implementorImp() {
        System.out.println("使用 Vivo 手机打电话");
    }
}
class RefinedAbstraction extends Abstraction{    //扩充抽象类
    public RefinedAbstraction(Implementor implementor) {
        super(implementor);    //调用父类的构造方法
    }
```

```java
        @Override
        void operation() {
            System.out.println("使用平板手机");
            implementor.implementorImp();    //使用实现类
        }
    }
    /*class RefinedAbstraction2 extends Abstraction{        //扩充抽象类
        public RefinedAbstraction2(Implementor implementor) {
            super(implementor);
        }
        @Override
        void operation() {
            System.out.println("使用折叠式手机");
            implementor.implementorImp();
        }
    }*/
    public class Client {
        public static void main(String[] args) {
            Implementor implementor1 = new ConcreteImplementorA();
            Implementor implementor2 = new ConcreteImplementorB();

            Abstraction abstraction = new RefinedAbstraction(implementor1);
            abstraction.operation();    //调用抽象方法，可使 Client 关联 Abstraction
            System.out.println("=================");
            abstraction = new RefinedAbstraction(implementor2);
            abstraction.operation();    //调用抽象方法
            //再增加一个 Abstraction 的子类时，并不需要修改已有的类
            /*System.out.println("=================");
            //通过桥使一边的对象调用另一边对象的方法
            implementor1.implementorImp();*/    //不使用桥
        }
    }
```

程序运行结果，如图 5.5.3 所示。

注意：

（1）表明同一 Abstraction 对象可按不同的 Implementor 维度进行变化。

（2）可以验证的是，桥接模式能使 Abstraction 和 Implementor 的两个维度进行独立变化。

图 5.5.3　程序运行结果

使用平板手机
使用小米手机打电话
=================
使用平板手机
使用Vivo手机打电话

（3）删除抽象类 Abstraction 的有参构造方法，可创建 setter 方法。相应地，删除子类 RefinedAbstraction 里定义的有参构造函数，在 main()方法里可对 RefinedAbstraction 对象应用继承的 setter 方法。模式的这种改进，可令一个 RefinedAbstraction 对象对应不同的 Implementor 对象，使程序的灵活性更强（请自行上机验证）。

5. 模式评价

在桥接模式中，不仅 Implementor 具有变化，而且 Abstraction 也可以发生变化，这是一个多对多的关系，而且两者的变化是完全独立的。RefinedAbstraction 与 ConcreteImplementior 之间为松散耦合，仅通过 Abstraction 与 Implementor 聚合关系联系起来。

根据类变化的属性可抽象形成接口（或抽象类），以实现多个维度的独立化。例如，抽象的计算机外观可以划分为台式机和笔记本电脑等。另外，计算机也可按品牌、CPU 和 OS 等不同维度再进行划分。

由于多层继承违背了单一职责原则，其复用性较差，可能引起类爆炸。因此，桥接模式是比多层继承更好的解决方案。

桥接模式提高了系统的扩展性，可扩展任意变化的一个维度，而不需要修改原有系统，所以符合开闭原则。

5.6 装饰模式

1. 模式动机

有时需要给某个对象而不是整个类添加一些功能，如一个图形用户界面工具箱允许对任意一个用户界面组件添加一些特性，如边框，或是一些行为（如窗口滚动）。

使用继承机制是添加功能的一种有效途径，从其他类继承过来的边框特性可以被多个子类的实例所使用。但这种方法不够灵活，因为边框的选择是静态的，用户不能控制对组件加边框的方式和时机。一种较为灵活的方式是将组件嵌入另一个对象中，由这个对象添加边框，即嵌入的对象为装饰。

2. 模式定义

装饰模式（Decorator Pattern）指在不改变原有对象的前提下，动态地给一个对象增加一些额外的功能。

装饰模式是一种对象结构型模式。

3. 模式结构及角色分析

在装饰模式中，具体构件与抽象装饰类都继承了抽象构件，同时抽象装饰类还聚合了抽象构件，如图 5.6.1 所示。

角色 1：抽象构件 Component 表示定义抽象方法 operation ()。
角色 2：具体构件 ConcreteComponent 表示被装饰对象重写了抽象方法 operation()。
角色 3：抽象装饰类 Decorator 也是 Component 的子类，同时还聚合了 Component。
角色 4：具体装饰类 ConcreteDecorator 可重写抽象方法 operation()。
要点：通过调用 Decorator 对象，可动态地给 ConcreteComponent 对象添加新的功能。

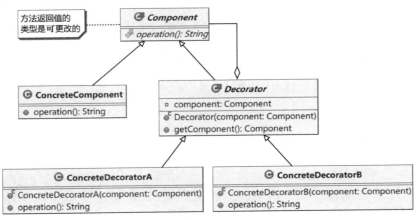

图 5.6.1 装饰模式类图

4．模式实现

【例 5.6.1】装饰模式的示例。

程序代码如下：

```
abstract class Component{   //抽象构件，也可设计为接口
    protected  abstract String   operation();   //抽象方法
}
class ConcreteComponent extends Component{   //具体构件（被装饰类）
    @Override
    public String operation() {
        return "我学习过的编程语言有：C 语言";
    }
}
abstract class Decorator extends Component{    //抽象装饰类（核心类）
    private Component component;    //维护一个抽象构件（父类）对象
    public Decorator(Component component) {    //聚合（构造器注入）
        this.component = component;
    }
    public Component getComponent() {
        return component;
    }
    //抽象类 Decorator 作为抽象类 Component 的子类，不必重写父类的抽象方法，而是延迟到具体类中
}
class ConcreteDecoratorA extends Decorator{   //具体装饰类
    public ConcreteDecoratorA(Component component) {
        super(component);   //调用父类构造方法
    }
    @Override
    public String operation() {   //抽象方法在具体装饰类中实现
        //每个具体装饰类都可使用 Component 类型的对象，因而可调用 operation()
        return getComponent().operation()+",C++";   //累加
```

113

```java
        }
    }
    class ConcreteDecoratorB extends Decorator{    //具体装饰类
        public ConcreteDecoratorB(Component component) {
            super(component);    //调用父类构造方法
        }
        @Override
        public String operation() {
            return getComponent().operation()+",Java";
        }
    }
    public class Client{
        public static void main(String[] args) {
            Component concreteComponent = new ConcreteComponent();    //被装饰对象，无参
            System.out.println("大一, "+concreteComponent.operation());
            System.out.println("========================================");
            Decorator concreteDecoratorA = new ConcreteDecoratorA(concreteComponent);    //装饰
            System.out.println("大二, "+concreteDecoratorA.operation());
            System.out.println("========================================");
            Decorator concreteDecoratorB = new ConcreteDecoratorB(concreteDecoratorA);    //再装饰
            System.out.println("大三, "+concreteDecoratorB.operation());
            System.out.println("========================================");
        }
    }
```

```
大一，我学习过的编程语言有：C语言
========================================
大二，我学习过的编程语言有：C语言,C++
========================================
大三，我学习过的编程语言有：C语言,C++,Java
========================================
```

图 5.6.2　程序运行结果

在客户端程序中，首先创建被装饰对象，然后依次创建装饰对象，分别调用抽象方法，其程序运行结果，如图 5.6.2 所示。

5. 模式评价

抽象装饰类聚合了抽象构件对象，让方法的调用具有了层次关系。装饰的先后顺序决定了对象方法的调用顺序。

装饰模式的优点是比继承更加灵活，不同于在编译期就起作用的继承，它可以在运行时扩展一个对象的功能。另外，它也可以通过配置文件在运行时选择不同的装饰器，从而实现不同的行为。它还可以通过不同的组合来实现不同的效果。

装饰模式符合开闭原则。装饰者和被装饰者都可以独立变化，用户可以根据需要增加新的装饰类，在使用时再对其进行组合，原有代码无须改变。

装饰模式的缺点是，需要创建一些具体装饰类，这会增加系统的复杂度。

【例 5.6.2】食品、饮料的订单计价程序。

在咖啡店喝咖啡时，通常还会买一些其他的食品，使用装饰模式完成的项目类文件如图 5.6.3 所示。

```
           ∨  ⓠᴬ Order                    ∨  ⓠᴬ Decorator
                □  des : String                □  order : Order
                □  price : float               ●  ᶜ Decorator(Order)
                ●  getPrice() : float          ●  getOrder() : Order
                ●  setPrice(float) : void      ●  ▲getDes() : String
                ●  getDes() : String     ∨  ⓠ  Chocolate
                ●  setDes(String) : void       ●  ᶜ Chocolate(Order)
                ●  ᴬ cost() : float            ●  ▲cost() : float
           ∨  ⓠ  Coffee                   ∨  ⓠ  Milk
                ●  ᶜ Coffee()                  ●  ᶜ Milk(Order)
                ●  ▲cost() : float             ●  ▲cost() : float
           ∨  ⓠ▸ Client
                ●  ˢ main(String[]) : void
```

图 5.6.3 项目类文件

程序代码如下：

```
abstract class Order{   //订单作为抽象构件
    private String des; //订单描述
    private float price; //单价

    public float getPrice() {
        return price;
    }
    public void setPrice(float price) {
        this.price = price;
    }
    public String getDes() {
        return des;
    }
    public void setDes(String des) {
        this.des = des;
    }
    public abstract float cost(); //抽象方法：计算费用
}
class Coffee extends Order{     //具体构件类的子类，表示被装饰对象
    public Coffee() {
        setPrice(5.0f);
        setDes("咖啡");
    }

    @Override
    public float cost() {   //实现抽象方法
        return 5.0f;
    }
}
abstract class Decorator extends Order{  //装饰基类
    private Order order;    //聚合
    public   Decorator(Order order) {    //构造器注入
```

```java
            this.order = order;
        }
        public Order getOrder() {
            return order;
        }
        public String getDes() {
            return super.getDes()+"    "+getPrice()+" && "+order.getDes();
        }
    }
    class Chocolate extends Decorator{    //具体装饰类
        public Chocolate(Order order) {
            super(order);
            setDes("巧克力");
            setPrice(3.0f);
        }
        @Override
        public float cost() {    //重写抽象方法
            return super.getPrice()+super.getOrder().cost();
        }
    }
    class Milk extends Decorator{    //具体装饰类
        public Milk(Order order) {
            super(order);
            setDes("牛奶");
            setPrice(2.0f);
        }
        @Override
        public float cost() {    //重写抽象方法
            return super.getPrice()+super.getOrder().cost();
        }
    }
    public class Client {    //客户端
        public static void main(String[] args) {
            //step1
            Order order = new Coffee();    //初始订单，被装饰类
            System.out.println("描述："+order.getDes());
            System.out.println("费用："+order.cost());
            //System.out.println("费用："+order.getPrice());
            System.out.println("=========");
            //step2
            order = new Milk(order);    //订单叠加，装饰类
            System.out.println("order 加一份牛奶后的费用："+order.cost());
            System.out.println("描述 = "+order.getDes());
            System.out.println("============================");
```

```
        //step3
        order = new Chocolate(order);    //订单叠加,继续装饰类
        System.out.println("order 再加一份巧克力后的费用:"+order.cost());
        System.out.println("描述  = "+order.getDes());
        System.out.println("==============================================");
        //step4
        order = new Chocolate(order);    //订单叠加,继续装饰类
        System.out.println("order 再加一份巧克力后的费用:"+order.cost());
        System.out.println("描述  = "+order.getDes());
    }
}
```

程序运行结果,如图 5.6.4 所示。

```
描述: 咖啡
费用: 5.0元
=========
order加一份牛奶后的费用: 7.0元
描述=牛奶 2.0 && 咖啡
============================
order再加一份巧克力后的费用: 10.0元
描述=巧克力 3.0 && 牛奶 2.0 && 咖啡
==============================
order再加一份巧克力后的费用: 13.0元
描述=巧克力 3.0 && 巧克力 3.0 && 牛奶 2.0 && 咖啡
```

图 5.6.4　程序运行结果

注意:上面程序中,有两个具体装饰类重写 cost()方法的代码相同。因此,可将它们移到装饰类。此时,装饰类也可不使用 abstract 修饰。

【例 5.6.3】对冰淇淋添加不同的口味,如饼干、蓝莓和巧克力等。

在前面介绍的两个装饰模式的示例程序里,抽象装饰类定义了有参的构造方法。实际上,抽象装饰类只需要对聚合的抽象构件对象定义 setter 方法,就能更加灵活地嵌套和装饰已有对象,完成后的项目类文件如图 5.6.5 所示。

图 5.6.5　项目类文件

程序代码如下:

```
package decorator3;
abstract class DQ{    //抽象构件,也可设计为接口。Dairy Queen(冰雪皇后冰淇淋)
    protected   abstract void   operation();    //抽象方法
}
class IceCream extends DQ{    //具体构件(被装饰类)
```

```java
        @Override
        public void operation() {
            System.out.print("DQ 牌冰淇淋 ");
        }
    }
    abstract class Decorator extends DQ{    //抽象装饰类（核心类）
        private DQ component;   //维护一个抽象构件（父类）对象
        public void setComponent(DQ component) {
            this.component = component;
        }
        @Override
        public void operation() {
            if (component != null) {    //兼容最初的被装饰对象
                component.operation();
            }
        }
    }
    class Cookies extends Decorator{    //具体装饰类
        @Override
        public void operation() {   //抽象方法在具体装饰类里被重写
            super.operation();   //调用基类方法
            System.out.print("，添加了饼干");    //装饰
        }
    }
    class BlueBerry extends Decorator {    //具体装饰类
        @Override
        public void operation() {   //抽象方法在具体装饰类里被重写
            super.operation();
            System.out.print("，添加了蓝莓");
        }
    }
    class ChocolateChip extends Decorator {    //具体装饰类
        @Override
        public void operation() {   //抽象方法在具体装饰类里被重写
            super.operation();
            System.out.print("，添加了巧克力");
        }
    }
    public class Client {    //客户端
        public static void main(String[] args) {
            DQ icecream = new IceCream();    //无参，被装饰对象
            Decorator cookies = new Cookies();    //无参，装饰对象
            Decorator blueBerry = new BlueBerry();    //无参，装饰对象
            Decorator chocolateChip = new ChocolateChip();    //无参，装饰对象
            //装饰动作
```

```
            cookies.setComponent(icecream);
            blueBerry.setComponent(cookies);
            chocolateChip.setComponent(blueBerry);
            //调用抽象方法，面对抽象编程
            chocolateChip.operation();
        }
    }
```

程序运行结果，如图 5.6.6 所示。

> DQ牌冰淇淋，添加了饼干，添加了蓝莓，添加了巧克力

图 5.6.6 程序运行结果

使用动态调试可知，最后一个装饰对象嵌套了前面的被装饰对象，如图 5.6.7 所示。

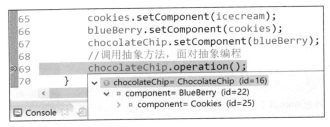

图 5.6.7 最后一个装饰对象在内存中的结构

注意：
（1）本例的客户端程序清晰显示了装饰过程，使程序具有良好的可读性。
（2）与组合模式（详见 5.3 节）一样，子类聚合父类对象时，其子类对象将产生嵌套结构，后面的解释器模式详见 6.11 节。

5.7 享元模式及应用

5.7.1 享元模式

1. 模式动机

设想生活中使用共享单车的情形。一个城市在没有共享单车前，有许多人都需要购买一辆自行车，就会造成城市交通的拥挤。如今，出现 mobike（摩拜）和 hellobike（哈啰）等移动交通运营商（平台），有了共享单车就可以节约城市资源，减少交通拥挤。在进行平台软件设计时，需要使用享元模式，按照单车的种类创建对象，以减少创建对象的数量和内存消耗。

【例 5.7.1】享元模式引例。

所有使用共享单车的骑行者可以共享单车名称（内部状态），同种单车的不同骑行者不可共享（外部状态）。对不同种类的共享单车进行抽象（使用抽象类 Bike 表示），具体享元类 ConcreteBike 重写抽象方法 use(User)，使用享元工厂类 BikeFactory 维护一个享元池，并提供

获取（包括创建）享元对象的方法 getBike(String)和获取享元数量的方法 getBikeCount()。项目完成后的类文件如图 5.7.1 所示。

```
∨ © User
    □   name : String
    ●   getName() : String
    ● ᶜ User(String)
∨ ©ᴬ Bike
    ● ᴬ use(User) : void
∨ © ConcreteBike
    □   name : String
    ● ᶜ ConcreteBike(String)
        ●   getName() : String
        ● ▵ use(User) : void
∨ © BikeFactory
    □   hashtable : Hashtable<String, Bike>
    ●   getBike(String) : Bike
    ●   getBikeCount() : int
∨ ©▸ Client
    ● ˢ main(String[]) : void
```

图 5.7.1 项目类文件

程序代码如下：

```java
package flyweight0;
import java.util.Hashtable;
class User{   //辅助类，非享元模式角色
    private String name;   //用户名
    public String getName() {
        return name;
    }
    public User(String name) {   //构造方法
        this.name = name;
    }
}
abstract class Bike{   //抽象享元角色：共享单车抽象类
    //下面的方法参数属于外部状态
    public abstract void use(User user);   //抽象方法，用户使用单车
}
class ConcreteBike extends Bike{   //具体享元角色
    private String name;   //单车名称（内部状态）
    public ConcreteBike(String name) {   //构造方法
        this.name = name;
    }
    public String getName() {
        return name;
    }
    @Override
    public void use(User user) {   //重写抽象方法
        System.out.println(user.getName()+"骑走了"+name+"单车");
    }
}
class BikeFactory{   //共享单车工厂（享元工厂）
    private Hashtable<String,Bike> hashtable = new Hashtable<String, Bike>();   //享元池
    public Bike getBike(String key) {   //根据享元对象的 key 获取享元对象
```

```java
            if(!hashtable.containsKey(key)) {        //如果享元池不存在
                ConcreteBike concreteBike = new ConcreteBike(key);    //按单车的种类创建对象
                hashtable.put(key, concreteBike);    //添加至享元池
                return concreteBike;
            }else {
                return hashtable.get(key);           //直接从享元池根据 key 获取
            }
        }
        public int getBikeCount() {    //获取享元对象的数目
            return hashtable.size();
        }
    }
    public class Client {    //客户端
        public static void main(String[] args) {
            BikeFactory bikeFactory = new BikeFactory();
            Bike bike1 = bikeFactory.getBike("mobike");    //摩拜单车；创建享元对象
            bike1.use(new User("张三"));        //用户不共享
            Bike bike2 = bikeFactory.getBike("mobike");    //共享享元对象
            bike2.use(new User("李四"));        //用户不共享
            System.out.println("已经使用的 2 个对象的 Hash 码："+
                                            bike1.hashCode()+"---"+bike2.hashCode());
            System.out.println("享元池的享元对象数目："+bikeFactory.getBikeCount());
            System.out.println("================================================");
            Bike bike3 = bikeFactory.getBike("hellobike");    //哈啰单车；创建新的享元对象
            bike3.use(new User("王五"));
            System.out.println("享元池的享元对象数目："+bikeFactory.getBikeCount());
        }
    }
```

程序运行结果，如图 5.7.2 所示。

```
张三骑走了mobike单车
李四骑走了mobike单车
已经使用的2个对象的Hash码: 2018699554---2018699554
享元池的享元对象数目: 1
================================================
王五骑走了hellobike单车
享元池的享元对象数目: 2
```

图 5.7.2 程序运行结果

注意：程序运行结果表明，bike1 和 bike2 引用的是同一对象，而不是创建 2 个不同对象的实例。

享元模式对那些通常因为数量太大而难以用对象来表示的概念或实体进行建模。如为字母表中的每一个字符创建一个享元，每个享元对象存储一个字符代码。在逻辑上，文档中的给定字符每次出现都有一个对象与其对应，物理上相同的字符共享一个享元对象，而这个对象可以出现在文档结构的不同地方。由于不同的字符对象数远小于文档中的字符数，因此，对象的总数远小于一个初次执行程序所使用的对象数目。对于一个所有字符都使用同样的字

体和颜色的文档而言,不管这个文档有多长,只需要分配100个左右的字符对象(大约是ASCII字符集的数目)即可。由于大多数文档使用的字体颜色的组合不超过 10 种,实际应用中这个数目不会明显增加。因此,对单个字符进行对象抽象是具有实际意义的。

享元模式的其他应用场景还有数据库连接池、查询缓存池和线程池等。

2．模式定义

享元模式(Flyweight Pattern)指运用共享技术有效地支持大量细粒度对象的复用。系统只使用少量的对象,而这些对象都很相似,状态变化很小。对象使用的次数较多。

享元模式是一种对象结构型模式。

3．模式结构及角色分析

在享元模式中,享元对象内部不随环境变化的共享部分称为内部状态(intrinsicState),而随环境改变、不可以共享的部分称为外部状态(extrinsicState),如图 5.7.3 所示。

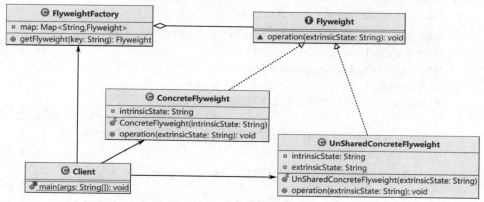

图 5.7.3　享元模式类图

角色 1：抽象享元类 Flyweight,它通常是一个接口或抽象类,可声明向外界提供享元对象内部状态和外部状态的公共方法及状态设置方法。

角色 2：具体享元类 ConcreteFlyweight,当它的内部状态可共享时设计为具体享元类。

角色 3：非共享具体享元类 UnsharedConcreteFlyweight,当它的内部状态不能被共享时设计为非共享具体享元类。UnsharedConcreteFlyweight 需要同时处理内部状态和外部状态。

角色 4：享元工厂类 FlyweightFactory,它用于创建和使用存储在享元池中的享元对象。享元池一般设计成键值对。

要点：抽象享元类 Flyweight 是对具体享元类 ConcreteFlyweight 和非共享具体享元类 UnSharedConcreteFlyweight 的抽象；享元工厂类 FlyweightFactory 提供了返回值类型为 Flyweight 的对象创建方法,既要处理内部状态,也要处理外部状态。

4．模式实现

【例 5.7.2】享元模式的示例。

程序代码如下：

```
package flyweight;
```

```java
import java.util.HashMap;
import java.util.Map;
interface Flyweight { //抽象享元
    void operation(String extrinsicState);      //操作（设置）外部状态方法
}
class ConcreteFlyweight implements Flyweight {    //具体享元
    private String intrinsicState;    //成员变量，表示内部状态
    public ConcreteFlyweight(String intrinsicState) {    //构造方法
        this.intrinsicState = intrinsicState;
    }
    //实现接口方法
    public void operation(String extrinsicState) {
        System.out.println(extrinsicState+"正在"+intrinsicState+
                 "，具体享元对象的 hashcode 为"+this.hashCode());    //内、外部状态
    }
}
class UnSharedConcreteFlyweight implements Flyweight{    //非共享具体享元

    private String intrinsicState;        //内部状态
    private String extrinsicState;        //外部状态

    public UnSharedConcreteFlyweight(String extrinsicState) {
        this.extrinsicState = extrinsicState;
    }
    //实现接口方法
    public void operation(String extrinsicState) {
        intrinsicState = "系统管理";    //intrinsicState 表示内部状态
        this.extrinsicState = "超级会员"+extrinsicState;    //extrinsicState 表示外部状态
        System.out.println(this.extrinsicState+" 正在进行"+ intrinsicState+
                 "，非共享具体享元对象的 hashcode 为"+this.hashCode());
    }
}
class FlyweightFactory {    //享元工厂，它的主要职责是创建对象
    private Map<String, Flyweight> map = new HashMap<>();    //享元池，聚合 Flyweight
    public Flyweight getFlyweight(String key) {    //key 表示 Map 对象里的键名
        Flyweight flyweight;
        if(map.get(key) != null) {    //有，就直接从享元池里取
            return map.get(key);    //返回（共享的）具体享元对象
        } else {    //没有，就先创建并保存至享元池，然后返回
            if(key == "UnShared") {    //区分创建是否可共享的享元对象
                flyweight = new UnSharedConcreteFlyweight(key);    //非共享的享元对象
            } else {
                flyweight = new ConcreteFlyweight(key);    //共享的享元对象
            }
            map.put(key, flyweight);    //保存具体享元对象
            return flyweight;
```

```java
            }
        }
    }
public class Client {    //客户端
    public static void main(String[] args) {
        //下棋种类为内部状态，下棋者为外部状态
        //Client 关联 FlyweightFactory
        FlyweightFactory flyweightFactory = new FlyweightFactory();
        //Client 关联 ConcreteFlyweight；创建可共享的具体享元对象
        ConcreteFlyweight flyweight = (ConcreteFlyweight)flyweightFactory.getFlyweight("下围棋");
        flyweight.operation("张三");      //传入外部状态
        //flyweight = (ConcreteFlyweight)flyweightFactory.getFlyweight("下围棋");   //测试
        flyweight.operation("李四");      //传入外部状态
        System.out.println("=================================================");
        flyweight = (ConcreteFlyweight)flyweightFactory.getFlyweight("下象棋");    //再创建共享享元对象
        flyweight.operation("张三");      //传入外部状态
        flyweight.operation("李四");      //传入外部状态


        //Client 关联 UnSharedConcreteFlyweight；创建非共享具体享元对象
        System.out.println("=================================================");
        UnSharedConcreteFlyweight flyweight2 = (UnSharedConcreteFlyweight)
                           flyweightFactory.getFlyweight("UnShared");    //参见享元工厂类
        flyweight2.operation("王五");     //传入外部状态
        flyweight2.operation("赵六");     //传入外部状态
    }
}
```

在客户端程序中，首先创建可共享的享元对象，然后创建非共享享元对象，分别调用抽象方法，其程序运行结果，如图 5.7.4 所示。

```
张三正在下围棋，具体享元对象的 hashcode 为2018699554
李四正在下围棋，具体享元对象的 hashcode 为2018699554
=================================================
张三正在下象棋，具体享元对象的 hashcode 为1311053135
李四正在下象棋，具体享元对象的 hashcode 为1311053135
=================================================
超级会员王五 正在进行系统管理，非共享享元对象的 hashcode 为118352462
超级会员赵六 正在进行系统管理，非共享享元对象的 hashcode 为118352462
```

图 5.7.4 程序运行结果

5．模式评价

当在项目中创建很多对象，而且这些对象存在许多相同模块时，可以将这些相同的模块提取出来采用享元模式生成单一对象，再使用这个对象与之前的诸多对象进行配合使用，这样无疑会节省很多空间。

享元模式可在编辑器软件中大量使用。如在一个文档中多次出现相同的图片，则只需要创建一个图片对象，通过在应用程序中设置该图片出现的位置，就可以实现该图片在不同地方多次重复显示。

为了使对象可以共享，需要将一些状态外部化，这会使程序的逻辑变得复杂。享元模式将享元对象的状态外部化，因而读取外部状态会使运行时间稍微变长。

5.7.2 享元模式在 JDK 开发中的应用

在 JDK 类库开发中，使用了许多享元模式，如 Integer 和 String 等。

1．java.lang.Integer 中的享元模式

创建 Integer 对象的方式有多种。例如，可以使用类 Integer 的静态方法 valueOf(String)，也可以使用运算符 new。查看类 Integer 的源码可知，静态方法 valueOf(String)先判断传进去的值是否在 IntegerCache 中，如果不在则创建新的对象，否则直接返回缓存池中的对象。这个静态方法 valueOf(String)就用到了享元模式，它将-128 到 127 的 Integer 对象先在缓存池里创建好，当需要时就直接返回。所以，对于-128 到 127 中的整数值，使用静态方法 valueOf(String)创建要比使用运算符 new 更快。

类 Integer 的主要源码如下：

```
public final class Integer extends Number implements Comparable<Integer> {
    public static Integer valueOf(int i) {      //静态方法
        if (i >= IntegerCache.low && i <= IntegerCache.high)   //使用 IntegerCache 建立缓冲池
            return IntegerCache.cache[i + (-IntegerCache.low)];
        return new Integer(i);
    }
    private final int value;
    public Integer(int value) {      //构造方法
        this.value = value;
    }
}
```

2．终结类 java.lang.String 中的享元模式

Java 设计者为 String 提供了字符串常量池以提高其性能。JVM 为了提高性能和减少内存开销，在实例化字符串常量时进行了一些优化。因为字符串是不可变的，所以可以不用担心数据产生冲突进行共享。为字符串开辟一个字符串常量池，类似于缓存区。创建字符串常量时，先要确认字符串常量池中是否存在该字符串，如果存在，则返回引用实例；否则，实例化该字符串并放入池中。在常量池中的这些字符串不会被垃圾收集器回收。

测试 JDK 终结类 String 主要特性的代码如下：

```
String s1 = "abc";    //对象保存在栈内存
String s2 = new String("abc");   //对象保存在堆内存
String s3 = "abc";    //运行结果表明，栈内存可以共享数据
System.out.println(s1.equals(s2) && s1.equals(s3)); //输出 true（表示值相同）
System.out.println(s1.hashCode() == s2.hashCode() && s1.hashCode() == s3.hashCode());  //输出 true
System.out.println(s1 == s2);    //输出 false（表示对象地址不同）
System.out.println(s1 == s3);    //输出 true（表示对象地址相同）
```

代码输出结果表明，String 会使用字符串常量池，因字符串一旦定义后就可以被共享使用，且是不可改变的，所以同时被多处调用也不会存在任何隐患。

习 题

一、判断题

1．外观模式是迪米特法则的典型应用。
2．适配器模式的使用方式，可以划分为类适配器和对象适配器两种。
3．代理模式分为多种类型，它们可应用于不同场景以满足不同需求，如在 RMI 中实现了远程代理。
4．Windows 操作系统的应用程序桌面快捷方式体现了代理模式。
5．Java I/O 流的设计应用了装饰模式，其中，InputStream 类和 OutputStream 类充当了抽象构件角色。
6．在享元模式中，外部状态的变化可能引起内部状态的变化。

二、单选题

1．Java 语句 for-each 的底层实现使用了____设计模式。
  A．适配器   B．组合
  C．装饰   D．迭代器

2．某软件公司在开发一个电网检修系统时，需要对其中的机密数据进行加密处理。通过分析发现，用于加密的程序已经存在于一个第三方算法库中，但是没有该算法库的源代码。在系统初始设计阶段，已定义数据操作接口为 DataOperation，加密程序的接口与 DataOperation 接口不匹配。但是 DataOperation 接口已被很多模块使用，对该接口的修改将导致大量代码需要进行改动，此时可采用____模式实现代码重用。
  A．适配器   B．组合
  C．享元   D．策略

3．在某系统的报表处理模块中需要将报表显示和数据输出分开，系统既可以有多种报表的显示方式，也可以有多种数据的输出方式，如可以将数据输出为文本文件，也可以输出为 Excel 文件。如果需要输出为 Excel 文件，则需要调用与 Excel 相关的 API，而这个 API 是现有系统所不具备的，该 API 由第三方厂商提供。因此可以使用____模式和____模式来设计该模块。
  A．适配器和桥接   B．组合和桥接
  C．外观和适配器   D．代理和组合

4．____可以避免在设计方案中使用庞大的多层继承结构，从而减少系统中类的总数量，解决类爆炸的问题。
  A．桥接模式和装饰模式   B．适配器模式和组合模式
  C．组合模式和外观模式   D．代理模式和桥接模式

5．使用 JDK 动态代理时，通常不会涉及包 java.lang.reflect 的____。
  A．Proxy   B．InvocationHandler
  C．Method   D．Field

6．某软件系统的子模块需要为其他模块提供访问不同数据库系统（Access、SQL Server、

Oracle）的功能。访问这些数据库的过程是相同的，即先连接数据库，再打开数据库，并对数据进行查询，最后关闭连接。____模式可以抽象出相同的数据库访问过程。

  A．模板方法   B．命令
  C．访问者   D．迭代器

7．如果需要动态地给对象添加职责，可以采用____模式。

  A．简单工厂   B．抽象工厂
  C．装饰   D．单例

8．一个客户不想或不能直接引用一个对象时，代理对象可以在客户端和目标对象之间起到中介的作用，删掉客户不能看到的内容和服务或增添客户需要的额外服务。如在网页上查看一张图片，由于网速等原因图片不能立即显示，就可以在图片传输过程中，先把一些简单的用于描述图片的文字传输到客户端，此时这些文字就成为了图片的代理，这称之为____模式。

  A．代理   B．职责链
  C．组合   D．模板方法

三、填空题

1．在 Socket 编程中，通信双方通过 Socket 对象进行消息的传递，感觉就像读/写本地文件一样。将网络通信的细节封装在 Socket 对象中，使程序员可以专注于业务逻辑的设计与实现。这采用了_____模式。

2．在类适配器中，适配器类（Adapter）和被适配者类（Adaptee）之间的关系是_____关系；在对象适配器中，Adapter 和 Adaptee 之间的关系是_____关系。

3．已知某子系统为外界提供功能服务，但该子系统中存在很多粒度小的类，不便被外界系统直接使用，而采用_____模式定义一个高层接口，可使这个子系统使用更加容易。

4．外观模式是_____（面向对象设计原则之一）的具体实现。

5．JDK 类库中的 String 类，对于相同的字符串可使用相同的地址，这就用到了_____模式。

6．Java 应用程序由虚拟机解释执行，它与程序的运行平台无关。因此可以认为虚拟机采用了_____模式，将抽象化（Abstraction）与实现化（Implementation）脱耦，使二者可以独立变化。

7．具有子类聚合抽象父类的结构型设计模式，除装饰模式外，还有_____模式。

四、多选题

1．关于装饰模式，下列说法正确的是_____。

  A．抽象构件是具体构件和抽象装饰类的共同父类
  B．抽象构件必须定义为抽象类
  C．抽象装饰类维护一个指向抽象构件对象的引用
  D．抽象装饰类必须定义为抽象类
  E．具体装饰类可以定义新的方法和调用基类方法

2．关于组合模式，下列叙述正确的是_____。

  A．组合模式可将对象组织到树状结构中，用来描述整体与部分的关系

B. 组合模式对叶子对象和容器对象的使用具有一致性
C. 组合模式可以解决类爆炸的问题
D. 在组合模式中增加新的容器构件和叶子构件都很方便，无须对现有类库进行修改，符合开闭原则
E. 组合模式根据抽象构件类的定义形式可以分为透明组合模式和安全组合模式。在透明组合模式中，抽象构件声明了所有用于管理成员对象的方法。在安全组合模式中，抽象构件没有声明任何用于管理成员对象的方法，而是在容器构件中声明并实现这些方法

3. 下列关于享元模式的说法中，不正确的是_____。

A. 享元模式区分了内部状态和外部状态，分别对应于 ConcreteFlyweight 和 UnSharedConcreteFlyweight 这两个类
B. Flyweight 是对 ConcreteFlyweight 类和 UnSharedConcreteFlyweight 类的抽象，且只能设计为抽象类
C. 享元池里以"键值对"集合存放 ConcreteFlyweight 类型的对象
D. 享元模式的目的就是使用共享技术来实现大量细粒度对象的复用
E. FlyweightFactory 只提供了创建 ConcreteFlyweight 类型对象的方法

实　　验

一、实验目的

1. 掌握各种结构型设计模式的共同特点。
2. 了解对象结构型模式与类结构型模式的区别。
3. 掌握各种结构设计模式的基本用法。
4. 理解外观模式是迪米特法则的典型应用。
5. 理解桥接模式与装饰模式都是合成-复用原则的典型应用。
6. 了解远程代理的作用及其常用的实现方式。
7. 了解享元模式的使用。

二、实验内容及步骤

【预备】访问上机实验网站 http://www.wustwzx.com/jdp/index.html，下载本章实验内容的案例，解压后得到文件夹 ch05。在 Eclipse 里导入 ch05 中的 Java 项目。

1. 研究外观模式

（1）查看包 façade 中文件 Client.java 的代码。
（2）确认外观类 Façade 组合了其他子系统类，并定义了使用各子系统的方法。
（3）查看程序 main()方法的代码，并做运行测试。
（4）查看包 facade2 中文件 Client.java 的代码，并重点查看抽象外观类及其具体外观类。
（5）修改 config.xml 对不同具体外观类的使用，并做运行测试。
（6）注释使用空调子系统的相关代码后做运行测试，验证并不需要修改客户端代码，即引入抽象外观类后，外观模式可更好地符合开闭原则。

2. 研究适配器模式

（1）查看包 adapter_class 中程序文件 Client.java 所包含的适配器角色。
（2）查验适配器类与适配者类实现了相同的接口。
（3）通过做运行测试，验证使用适配器可以实现适配者类的特殊功能。
（4）查看包 adapter_object 中程序文件 Client.java 里的角色及其关系。
（5）验证本程序可以将接口改写为抽象类。
（6）总结类适配器与对象适配器的区别。
（7）查看包 adapter2 中程序文件 Client.java 所包含的适配器角色。
（8）查看双向适配器类的实现代码，并做运行测试。

3. 研究组合模式

（1）查看包 composite 中文件 Client.java 所包含的组合模式角色，并与类图相比较。
（2）查看类 Component 定义的构造方法与抽象方法。
（3）查看类 Component 的子类 Leaf 定义的构造方法与重写方法。

（4）查看类 Component 的子类 Composite 定义的构造方法与重写方法。
（5）运行程序，并查看控制台输出。
（6）设置断点以调试模式运行，并查看 Composite 对象的组织结构。
（7）总结组合模式的要点，特别是 Composite 对 Component 的聚合。
（8）查验包 composite1 中文件 Client.java 里类 Component 定义的抽象方法只有 1 个。
（9）总结案例组合模式与透明组合模式的用法区别。

4．研究代理模式

（1）查看包 proxy 中程序文件 Client.java 所包含的代理模式角色，并与类图相比较。
（2）增加一个代理方法，调试运行程序，以体会静态代理的特点。
（3）查看包 proxy_dynamic1_jdk 中文件 Client.java 所包含的接口与类。
（4）通过运行测试，验证代理类是动态生成的，且不可将接口改写为抽象类。
（5）查看包 proxy_dynamic2_cglib 中文件 Client.java 所包含的接口与类。
（6）通过运行测试，验证可以将接口改写为抽象类，并总结 JDK 动态代理与 CGLib 代理用法的区别与联系。
（7）依次查看包 proxy_rpc_jdk_server 内的接口、实现类和服务端程序。使服务端程序暴露服务、新开线程并采用 Socket 与客户端通信。
（8）依次查看包 proxy_rpc_jdk_client 内的接口和客户端程序。使客户端程序采用 JDK 代理动态生成代理对象，并通过 Socket 与服务端通信。
（9）分别将服务端和客户端复制同一网段的计算机，先运行服务端程序，后运行客户端程序，并体会 RPC 的实现。
（10）依次查看包 proxy_rpc_rmi 内的接口、实现类、服务端程序和客户端程序，并与 JDK 动态代理实现的 RPC 对比，以理解 RMI 是 RPC 的简化实现。
（11）打开另一个 Eclipse，并复制本包到某个项目里。先、后运行服务端与客户端，验证其能实现 RPC。
（12）依次取消接口、实现类和客户端里注释的方法和使用方法的代码，停止先前的服务端程序后，再次验证 RPC 功能。

5．研究桥接模式

（1）查看包 bridge 中程序文件 Client.java 所包含的 4 种角色。
（2）查看抽象实现 Abstraction 对实现类接口 Implementor 的聚合。
（3）理解 RefinedAbstraction 与 ConcreteImplementior 之间是松散耦合，它是通过 Abstraction 与 Implementor 之间的聚合关系联系起来的。
（4）在方法 main()中再创建另一个 Abstraction 对象，验证抽象化与实现化这两个维度可以独立变化。

6．研究装饰模式

（1）查看包 decorator 中程序文件 Client.java 包含的类所表示的 4 种角色。
（2）结合类图查看 Component、ConcreteComponent、Decorator 和 ConcreteDecorator 之间的关系，特别是 Decorator 对 Component 的聚合关系。

(3) 依次查看 main() 方法中类 ConcreteDecoratorA 和 ConcreteDecoratorB 构造方法的参数及重写的方法 operation。

(4) 通过运行程序，总结装饰模式的特点（让方法的调用具有了层次关系）。

(5) 查看包 decorator2 中程序文件 Client.java 包含的类所表示的 4 种角色。

(6) 再增加一个具体装饰类后，调试和运行程序，以验证装饰模式易于扩展。

(7) 复制当前包为 bridge_pro。

(8) 删除抽象类 Abstraction 的有参构造方法，同时创建 setter 方法。

(9) 删除子类 RefinedAbstraction 定义的有参构造函数，在 main() 方法中对 RefinedAbstraction 对象应用继承的 setter 方法，并做运行测试。

7. 研究享元模式

(1) 查看包 flyweight0 中程序文件 Client.java 包含的类。

(2) 分别查看内部状态和外部状态。

(3) 查看享元工厂类 BikeFactory 定义的方法，特别是构造方法。

(4) 运行程序，查看不同时期建立的享元数目。

(5) 查看包 flyweight 中程序文件 Client.java 包含的 4 个角色。

(6) 查看类 UnSharedConcreteFlyweight 的定义。

(7) 结合 main() 方法代码，查看运行时创建的享元对象与非享元对象。

三、实验小结及思考

（总结关键的知识点、上机实验中遇到的问题及其解决方案。）

第 6 章　行为型设计模式

在 GoF 提出的 23 种设计模式中，包含了策略、模板方法、备忘录、观察者、迭代器、命令、状态、职责链、中介者、访问者和解释器这 11 种行为型设计模式（Behavioral Design Pattern），它们的使用频率由高到低，学习难度由低到高。

行为型设计模式不仅应关注系统中对象的交互，还研究系统在运行时对象之间的相互通信与协作，可进一步明确对象的职责。

行为型模式划分为类行为型模式和对象行为型模式两种。类行为型模式使用继承关系在若干类之间分配行为，主要通过多态等方式来分配父类与子类的职责，模板方法和解释器模式都属于类行为型模式。对象行为型模式使用对象之间的关联关系来分配行为，由于要坚持合成-聚合复用原则，因此，大部分行为型模式属于对象行为型设计模式。本章学习要点如下：

- 掌握行为型模式的基本特点和 11 种行为型模式的基本用法；
- 掌握策略模式与状态模式的用法区别；
- 理解中介者模式是迪米特法则的典型应用；
- 掌握模板方法、迭代器和观察者等模式在 JDK 或 Web 开发中的应用；
- 理解模板方法模式和解释器模式属于类行为型模式。

6.1　策　略　模　式

1. 模式动机

完成一项任务往往可以有多种不同的方式，每一种方式称为一个策略（Strategy），可以根据环境或条件的不同而选择不同的策略来完成任务。例如，旅游出行有火车、汽车和飞机等多种方式可供选择，如图 6.1.1 所示。

图 6.1.1　旅游出行方式

在软件开发中也常常会遇到类似的情况，此时就可以使用一种设计模式使系统既可以灵活地选择解决途径，也能够方便地增加新的解决途径。

在软件系统中，有许多算法可以实现某个功能，如查找、排序等，常用的方法是硬编码（Hard Coding）。在一个类中，如需要提供多种查找算法，可以将这些算法写到一个类中，在该类中提供多种方法，每一种方法对应一种具体的查找算法。当然，也可以将这些查找算法封装在一种统一的方法中，通过 if…else…等条件判断语句来进行选择。当进行增加或删除算法时，均需要修改类，其原因是各个算法都不是相互独立的。

为了解决这些问题，可以定义一些独立的类来封装不同的算法，每一个类封装一种具体的算法。将每一个封装算法的类称为策略。为了保证这些策略的一致性，一般会用一个抽象的策略（使用接口或抽象类）来做算法的定义，而每种具体算法则对应于一个具体策略类。

2. 模式定义

策略模式（Strategy Pattern）定义一系列算法，并将每一种算法封装起来，让它们可以相互替换。策略模式能让算法独立于使用它的客户而变化。

策略模式对应于解决某个问题的一个算法簇，用户可以任选一种算法来解决问题。同时，可以增加算法或替换某种算法。

策略模式是一种对象行为型模式。

3. 模式结构及角色分析

策略模式结构较为简单，只涉及实现（或泛化）关系和聚合关系，如图 6.1.2 所示。

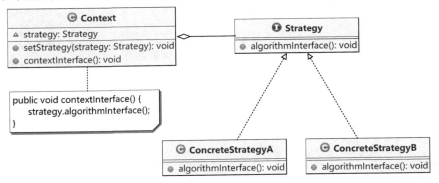

图 6.1.2　策略模式类图

角色 1：抽象策略接口 Strategy（也可定义抽象类），它定义了抽象方法 algorithmInterface()。

角色 2：具体策略类 ConcreteStrategyA、ConcreteStrategyB…，它们均需要重写抽象方法 algorithmInterface()。

角色 3：上下文环境类 Context，它聚合了策略接口 Strategy 类型的对象 strategy，定义了使用具体策略的方法 contextInterface()。

要点：同时使用实现关系和聚合关系后，客户端 Client 只需与上下文对象打交道，上下文对象的行为将随着策略对象的改变而改变。

注意：虽然工厂模式和策略模式在结构上看着很像，但它们是有区别的。

（1）工厂模式是创建型模式，它的作用就是创建对象；策略模式是行为型模式，它的作用是让一个对象从许多行为中选择一种行为。

（2）工厂模式通过接受指令，创建出符合要求的实例，其主要解决的是资源统一分发的问题，将对象的创建完全独立出来，让对象的创建和具体的使用客户无关；策略模式是为了解决策略切换与扩展的问题，更简洁地说，是将定义策略簇分别封装起来，让它们之间可以相互替换，将策略的变化独立于使用策略的客户，主要应用于多数据库选择、类库文件加载等。

（3）工厂模式可以使用黑盒（功能）测试，策略模式可以使用白盒（结构）测试。

4．模式实现

【例6.1.1】 策略模式的示例。

程序代码如下：

```java
package strategy;
interface Strategy {                              //抽象策略接口
    public void algorithmInterface();             //定义算法接口
}
class ConcreteStrategyA implements Strategy {     //具体策略类
    //实现接口方法
    public void algorithmInterface() {
        System.out.println("Speak English.");
    }
}
class ConcreteStrategyB implements Strategy {     //具体策略类
    //实现接口方法
    public void algorithmInterface() {
        System.out.println("Speak Chinese.");
    }
}
class Context {                                   //上下文环境类
    Strategy strategy;                            //Context 聚合 Strategy 对象
    public void setStrategy(Strategy strategy) {  //setter
        this.strategy = strategy;
    }
    public void contextInterface() {              //定义上下文接口的方法
        strategy.algorithmInterface();            //调用策略算法接口
    }
}
public class Client {                             //客户端
    public static void main(String[] args) {
        //创建一个具体策略，也可以使用.xml 文件里定义的类
        Strategy strategy = new ConcreteStrategyA();
        //Strategy strategy = new ConcreteStrategyB();
        //创建上下文对象，并选用（执行）对应的策略
```

```
        Context context = new Context();        //Client 关联 Context，只需与上下文对象打交道
        context.setStrategy(strategy);
        context.contextInterface();              //调用接口方法
    }
}
```

项目完成后的类文件，如图 6.1.3 所示。

5．模式评价

策略模式的优点如下。

（1）策略模式提供了对开闭原则的完美支持，用户可以在不修改原有系统的基础上选择算法或行为，也可以灵活地增加新的算法或行为。

（2）策略模式提供了管理相关算法簇的办法。

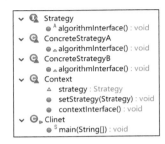

图 6.1.3　项目类文件

（3）策略模式提供了可以替换继承关系的办法。

（4）策略模式可以避免使用多重条件判断语句。

策略模式的缺点如下。

（1）客户端必须知道所有的策略类，并自行决定使用哪一个策略类。

（2）策略模式能产生很多策略类，可以通过联合使用享元模式（参见 5.7 节）在一定程度上减少对象的数量。

6.2　模板方法模式及应用

6.2.1　模板方法模式

1．模式动机

准备一个抽象类，将部分逻辑以具体方法及具体构造函数的形式实现，然后声明一些抽象方法来迫使子类实现剩余的逻辑。不同的子类可以用不同的方式实现这些抽象方法，从而对剩余的逻辑有不同的实现，这就是模板方法模式的用意。

模板方法模式实际上是所有模式中最为常见的模式之一，需要开发抽象类和具体子类的设计师进行协作。一些设计师负责给出一种算法的轮廓和骨架，另一些设计师则负责给出这种算法的各个逻辑步骤。代表这些具体逻辑步骤的方法称为基本方法；而将这些基本方法汇总起来的方法称为模板方法。

模板方法模式是基于继承代码复用的基本技术。因此，模板方法模式属于类行为型模式。模板方法模式的结构和用法也是面向对象设计的核心。

2．模式定义

模板方法模式（Template Method Pattern）指定义一个操作中算法的骨架，而将一些步骤延迟到子类中。模板方法使得子类可以不改变一种算法的结构即可重定义该算法的某些特定步骤。

模板方法是一种类行为型模式。

3．模式结构及角色分析

模板方法模式结构很简单，只有泛化关系，如图 6.2.1 所示。

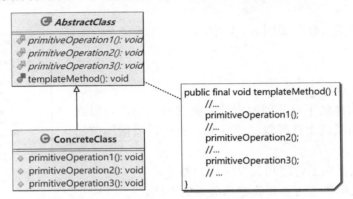

图 6.2.1　模板方法模式类图

角色 1：抽象类 AbstractClass，它定义若干抽象的原语方法和一个使用原语方法的模板方法。

角色 2：具体类 ConcreteClass，它作为 AbstractClass 的子类，重写了抽象方法。

要点：模板方法模式是基于继承的代码复用技术，它定义了一种算法的骨架。模板方法将一些步骤延迟到子类中，使子类可以不改变一种算法的结构即可重定义该算法的某些特定步骤。这种在运行时子类对象覆盖父类对象、子类方法覆盖父类方法的特性，是 Java 多态的体现。

4．模式实现

【例 6.2.1】模板方法模式的示例。

程序代码如下：

```
package template_method;
//模板方法示例：银行业务办理流程
abstract class AbstractClass {       //抽象类，想象成银行
    //原语方法
    protected abstract void primitiveOperation1();   //想象成取号
    protected abstract void primitiveOperation2();   //想象成交易
    protected abstract void primitiveOperation3();   //想象成评价
    public final void templateMethod() {    //定义模板方法，final 修饰使得子类不可重写
        primitiveOperation1();
        primitiveOperation2();
        primitiveOperation3();
    }
}
class ConcreteClass extends AbstractClass{    //具体类，想象成中国银行
    @Override
    protected void primitiveOperation1() {
```

```
            System.out.println("从中国银行取号");
        }
        @Override
        protected void primitiveOperation2() {
            System.out.println("从中国银行交易");
        }
        @Override
        protected void primitiveOperation3() {
            System.out.println("给中国银行评价");
        }
    }
    /*class ConcreteClass2 extends AbstractClass {      //具体类，供扩展用，想象成中国建设银行
        @Override
        protected void primitiveOperation1() {
            System.out.println("从中国建设银行取号");
        }
        @Override
        protected void primitiveOperation2() {
            System.out.println("从中国建设银行交易");
        }
        @Override
        protected void primitiveOperation3() {
            System.out.println("给中国建设银行评价");
        }
    }*/
    public class Client {    //客户端
        public static void main(String a[]) {
            //修改配置文件里的实现类可得到不同的结果，代码稳定
            AbstractClass bank = (AbstractClass) XMLUtil.getBean();
            bank.templateMethod();                    //调用模板方法
        }
    }
```

工具类 **XMLUtil** 可根据配置文件 config.xml 创建并返回 ConcreteClass 类型的对象，程序运行结果，如图 6.2.2 所示。

注意：本例省去了类文件 XMLUtil.java 和配置文件 config.xml 的代码，参见例 4.1.1。

```
从中国银行取号
从中国银行交易
给中国银行评价
```

图 6.2.2 程序运行结果

5．模式评价

（1）模板方法模式在一个类中可形式化地定义算法，而由其子类实现细节的处理。模板方法模式的优势是，在子类定义详细的处理算法时不会改变其算法的结构。

（2）模板方法模式是一种代码复用的基本技术，它们在类库中尤为重要，可提取类库中的公共行为。

（3）模板方法模式导致一种反向的控制结构，即父类调用子类的操作，而不是相反方向。

（4）在模板方法模式的抽象类 AbstractClass 里，也可以定义钩子方法，用来控制具体类方法是否被执行。通常情况下，钩子方法的返回值为 true。如果不希望某个具体类中的方法被执行，可以在该子类中覆盖钩子方法，并将返回值修改为 false 即可，示例代码如下：

```java
abstract class AbstractClass {                          //抽象类，想象成银行
    protected abstract void primitiveOperation1();      //想象成取号
    protected abstract void primitiveOperation2();      //想象成交易
    protected abstract void primitiveOperation3();      //想象成评价
    public boolean isEvaluate() {                       //钩子方法，是否评价
        return true;                                    //默认执行
    }
    public final void templateMethod() {                //定义模板方法
        primitiveOperation1();
        primitiveOperation2();
        if(isEvaluate()){                               //调用钩子方法控制是否执行
            primitiveOperation3();
        }
    }
}
class ConcreteClass extends AbstractClass{              //具体类，想象成中国银行
    @Override
    protected void primitiveOperation1() {
        System.out.println("从中国银行取号");
    }
    @Override
    protected void primitiveOperation2() {
        System.out.println("从中国银行交易");
    }
    @Override
    protected void primitiveOperation3() {
        System.out.println("给中国银行评价");
    }
    @Override
    public boolean isEvaluate() {                       //重写钩子方法
        return false;                                   //不执行模板方法 primitiveOperation3()
    }
}
```

6.2.2 模板方法模式在 Servlet 组件开发中的应用

在进行 Java Web 开发时都会直接或间接地跟 Servlet 打交道。与普通 Java 应用程序不同的是，Servlet 有一套应遵循的技术规范，称为 Servlet 组件。Servlet 是一种服务器端的 Java 应用程序，能动态响应客户端请求，用以动态生成 Web 页面，从而扩展 Web 服务器的功能。

作为 Web 服务器的 Servlet 容器（如 Apach Tomcat），必须把客户端请求和响应封装成

Servlet 请求对象和 Servlet 响应对象传给 Servlet。Servlet 使用 Servlet 请求对象获取客户端的信息，并执行特定业务逻辑；使用 Servlet 响应对象向客户端发送业务执行的结果。

Java 开源可了解 Servlet 组件内部的实现。在使用 IDEA 中，用户开发的 Servlet 程序继承抽象类 HttpServlet。通过对 HttpServlet 的源码跟踪可知，HttpServlet 继承了抽象类 GenericServlet。继续跟踪还会发现，GenericServlet 可实现 Servlet 接口。Servlet 技术涉及的接口与抽象类，如图 6.2.3 所示。

图 6.2.3　Servlet 组件的主要 API

作为开发 Servlet 的基类，HttpServlet 包含方法 service(ServletRequest,ServletResponse)和方法 service(HttpServletRequest, HttpServletResponse)。其中，前一种方法使用 protected 修饰，后一种方法使用 public 修饰，都是对抽象类父类 GenericServlet 的方法重写。

通过对 HttpServlet 的源码跟踪可知，public 修饰 service()方法的代码如下：

```
public void service(ServletRequest req, ServletResponse res) throws ServletException, IOException {
    if (req instanceof HttpServletRequest && res instanceof HttpServletResponse) {
        HttpServletRequest request = (HttpServletRequest)req;      //向上转型
        HttpServletResponse response = (HttpServletResponse)res;   //向上转型
        this.service(request, response);                           //调用 protected service()
    } else {
        throw new ServletException("non-HTTP request or response");
    }
}
```

protected 修饰 service()方法的代码如下：

```
protected void service(HttpServletRequest req, HttpServletResponse resp)
                                            throws ServletException, IOException {
    String method = req.getMethod();
    long lastModified;
    if (method.equals("GET")) {
        lastModified = this.getLastModified(req);
```

```java
        if (lastModified == -1L) {
            this.doGet(req, resp);
        } else {
            long ifModifiedSince = req.getDateHeader("If-Modified-Since");
            if (ifModifiedSince < lastModified) {
                this.maybeSetLastModified(resp, lastModified);
                this.doGet(req, resp);
            } else {
                resp.setStatus(304);
            }
        }
    } else if (method.equals("HEAD")) {
        lastModified = this.getLastModified(req);
        this.maybeSetLastModified(resp, lastModified);
        this.doHead(req, resp);
    } else if (method.equals("POST")) {
        this.doPost(req, resp);
    } else if (method.equals("PUT")) {
        this.doPut(req, resp);
    } else if (method.equals("DELETE")) {
        this.doDelete(req, resp);
    } else if (method.equals("OPTIONS")) {
        this.doOptions(req, resp);
    } else if (method.equals("TRACE")) {
        this.doTrace(req, resp);
    } else {
        String errMsg = lStrings.getString("http.method_not_implemented");
        Object[] errArgs = new Object[]{method};
        errMsg = MessageFormat.format(errMsg, errArgs);
        resp.sendError(501, errMsg);
    }
}
```

源码分析的结果表明，HttpServlet 定义了一个处理框架（模板），将重复的代码提取到父类，而变化的代码可在 HttpServlet 的子类中具体实现。Tomcat 容器实际调用的是重写的 service()方法，而它是根据 http 请求的类型（get 或 post），相应地调用 doGet() 或 doPost()方法，即最终是使用这些 HttpServlet 子类的方法来处理浏览器的请求。实现 Servlet 只需要继承 HttpServlet 并重写 doGet()方法和 doPost()方法就可以了。

注意：

（1）Servlet 开发有多种方式，包括针对接口 Servlet、抽象类 GenericServlet 和抽象类 HttpServlet 进行编程。显然，使用 HttpServlet 开发 Servlet 组件最为方便。

（2）Android 应用开发也是基于组件的编程。类似地，Android 组件的设计也是应用了模板方法模式。

6.3 备忘录模式

1．模式动机

在应用软件的开发过程中，有时需要记录一个对象的内部状态。为了允许用户取消不确定的操作或从错误中恢复过来，需要实现备份点和撤销机制。为此，必须事先将状态信息保存在某处，然后才能将对象恢复到它们原先保存的状态。

2．模式定义

备忘录模式（Memento Pattern）指在不破坏封装的前提下，捕获一个对象的内部状态，并在该对象之外保存这个状态，这样就可以在以后将对象恢复到原先保存的状态。

备忘录模式是一种对象行为型模式，也叫 Token（标记）模式。

3．模式结构及角色分析

备忘录模式的结构较为简单，没有泛化和实现关系，只涉及依赖关系和关联（聚合）关系，如图 6.3.1 所示。

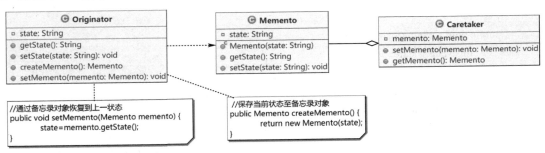

图 6.3.1　备忘录模式类图

角色 1：原发器 Originator，它具有内部状态属性 state、创建备忘录方法 createMemento() 和设置备忘录方法 setMemento()。

角色 2：备忘录 Memento，它包含内部状态属性 state 及其 setter/getter 方法，相当于一个实体类对象，可用来存储 Originator 的内部状态。

角色 3：看管者 Caretaker，它聚合 Memento 对象，并负责保存备忘录，但不能对备忘录的内容进行操作或检查。

要点：Originator 与 Memento 包含相同的状态属性。Caretaker 通常会聚合 Memento 对象。Originator 对象提供了保存自身状态到外部 Memento 对象的方法，也提供了恢复到先前某种状态的方法。

4．模式实现

【例 6.3.1】备忘录模式的基础示例。

程序代码如下：

```java
package memento;
class Memento{    //备忘录，相当于一个实体类
    private String state;
    public Memento(String state) {    //构造方法
        this.state = state;
    }
    public String getState() {
        return state;
    }
    public void setState(String state) {
        this.state = state;
    }
}

class Originator{    //原发器 Originator，用于创建和恢复备忘录
    private String state;
    public String getState() {
        return state;
    }
    public void setState(String state) {
        this.state = state;
    }
    public Memento createMemento() {    //保存当前状态至备忘录对象
        return new Memento(state);
    }
    public void setMemento(Memento memento) {    //通过备忘录对象恢复到历史的状态
        state = memento.getState();
    }
}

class Caretaker{    //看管者：管理备忘录对象（可保存和获取，但不能修改）
    private Memento memento;                    //聚合关系
    public Memento getMemento() {               //getter
        return memento;
    }
    public void setMemento(Memento memento) {   //setter
        this.memento = memento;
    }
}

public class Client {                           //客户端
    public static void main(String[] args) {
        Originator originator = new Originator();    //创建一个游戏角色
        Caretaker caretaker = new Caretaker();       //创建游戏角色状态看管者
```

```
            originator.setState("状态#1 攻击力 100");
            System.out.println("当前状态："+originator.getState());
            caretaker.setMemento(originator.createMemento());   //保存当前状态
            originator.setState("状态#2 攻击力 80");
            System.out.println("当前状态："+originator.getState());
            //撤销：只能 Undo 到上一状态
            System.out.println("==撤销（Undo）到上一状态==");
            originator.setMemento(caretaker.getMemento());   //原发器通过看管者恢复状态
            System.out.println("当前状态："+originator.getState());
        }
    }
```

程序运行结果，如图 6.3.2 所示。

注意：本例只能实现一次 Undo。若要实现多次 Undo，只要将 Caretaker 聚合的 Memento 对象换成 List<Memento>即可。

```
当前状态：状态#1 攻击力 100
当前状态：状态#2 攻击力 80
==撤销（Undo）到上一状态==
当前状态：状态#1 攻击力 100
```

图 6.3.2　程序运行结果

【例 6.3.2】 实现多次撤销与恢复的备忘录模式示例。

设想象棋 Chess 的棋手可能会悔棋（Undo）和恢复（Redo）多步的情形。类 ChessMemento 表示象棋棋子备忘录，包含棋子名称及坐标等属性，也提供了这些属性的 setter/getter 方法和类构造方法。类 ChessOriginator 聚合 ChessMemento 类型的对象，表示象棋棋子的原发器，提供用于创建和恢复备忘录的方法，也提供了修改成员对象的相关属性的方法。ChessCaretaker 表示象棋棋子备忘录的看管者，可维护一个 List<ChessMemento>类型的集合。

项目完成后的类文件，如图 6.3.3 所示。

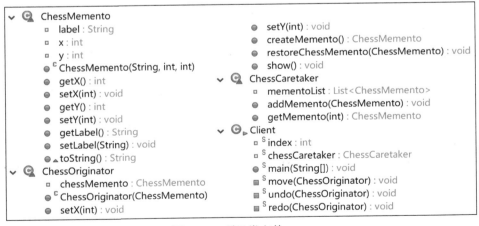

图 6.3.3　项目类文件

程序代码如下：

```java
package memento2;
import java.util.ArrayList;
import java.util.List;

class ChessMemento{              //象棋棋子备忘录
    private String label;        //棋子名称
    private int x;               //横坐标
    private int y;               //纵坐标
    public ChessMemento(String label, int x, int y) {    //构造方法
        this.label = label;
        this.x = x;
        this.y = y;
    }
    public int getX() {
        return x;
    }
    public void setX(int x) {
        this.x = x;
    }
    public int getY() {
        return y;
    }
    public void setY(int y) {
        this.y = y;
    }
    public String getLabel() {
        return label;
    }
    public void setLabel(String label) {
        this.label = label;
    }

    @Override
    public String toString() {
        return "ChessMemento [label = " + label + ", x = " + x + ", y = " + y + "]";
    }
}
class ChessOriginator{    //象棋棋子原发器 Originator,用于创建和恢复备忘录
    private ChessMemento chessMemento;           //ChessOriginator 聚合 ChessMemento
    public ChessOriginator(ChessMemento chessMemento) {    //构造器
        this.chessMemento = chessMemento;
    }
    public void setX(int x) {
        chessMemento.setX(x);
    }
    public void setY(int y) {
        chessMemento.setY(y);
```

```java
    }
    public ChessMemento createMemento() {                //保存当前状态至备忘录对象
        return new ChessMemento(
                        chessMemento.getLabel(),chessMemento.getX(),chessMemento.getY());
    }
    public void restoreChessMemento(ChessMemento chessMemento) {        //通过备忘录
        this.chessMemento.setLabel(chessMemento.getLabel());
        this.chessMemento.setX(chessMemento.getX());;
        this.chessMemento.setY(chessMemento.getY());
    }
    public void show() {                                //显示原发器的当前状态
        System.out.println("棋子当前状态："+chessMemento.toString());
    }
}
class ChessCaretaker{                                   //看管者
    private List<ChessMemento>mementoList = new ArrayList<ChessMemento>();  //聚合关系
    public void addMemento(ChessMemento chessMemento) {
        mementoList.add(chessMemento);                  //添加备忘录
    }
    public ChessMemento getMemento(int i) {             //获取备忘录
        return mementoList.get(i);
    }
}
public class Client {                                   //客户端
    private static int index = 0;                       //统计步数
    private static ChessCaretaker chessCaretaker = new ChessCaretaker();
    public static void main(String[] args) {
        //初始化一个棋子对象（源发器）
        ChessOriginator originator = new ChessOriginator(new ChessMemento("车", 1, 1));
        move(originator);               //走棋
        originator.setY(2);             //目标位置
        move(originator);               //走棋
        originator.setX(6);             //目标位置
        move(originator);               //走棋
        undo(originator);               //Undo
        undo(originator);               //Undo
        redo(originator);               //Redo
        redo(originator);               //Redo
    }
    private static void move(ChessOriginator chessOriginator) {         //走棋
        index++;
        chessCaretaker.addMemento(chessOriginator.createMemento());
        chessOriginator.show();
    }
```

```java
        private static void undo(ChessOriginator chessOriginator) {
            System.out.print("悔棋（Undo），");
            index--;
            chessOriginator.restoreChessMemento(chessCaretaker.getMemento(index-1));
            chessOriginator.show();
        }
        private static void redo(ChessOriginator chessOriginator) {
            System.out.print("恢复（Redo），");
            index++;
            chessOriginator.restoreChessMemento(chessCaretaker.getMemento(index-1));
            chessOriginator.show();
        }
    }
```

程序运行结果，如图 6.3.4 所示。

```
棋子当前状态：ChessMemento [label=车, x=1, y=1]
棋子当前状态：ChessMemento [label=车, x=1, y=2]
棋子当前状态：ChessMemento [label=车, x=6, y=2]
悔棋（Undo），棋子当前状态：ChessMemento [label=车, x=1, y=2]
悔棋（Undo），棋子当前状态：ChessMemento [label=车, x=1, y=1]
恢复（Redo），棋子当前状态：ChessMemento [label=车, x=1, y=2]
恢复（Redo），棋子当前状态：ChessMemento [label=车, x=6, y=2]
```

图 6.3.4　程序运行结果

注意：在实际的对抗软件开发中，可能还会使用其他的设计模式。例如，为了减少创建对象的数量，会使用享元模式。

5．模式评价

备忘录模式的优点如下。

（1）备忘录模式提供了一种状态恢复的实现机制，使用户可以方便地回到一个特定的历史步骤。当新的状态无效或存在问题时，可以使用暂时存储起来的备忘录将状态复原。

（2）备忘录模式保存了封装的边界信息，Memento 对象是原发器对象的表示，不会被其他代码改动，这种模式简化了原发器对象。Memento 对象只保存原发器的状态，采用堆栈来存储备忘录对象可以实现多次撤销与恢复操作。

备忘录模式的缺点是资源消耗过大。如果类的成员变量太多，就不可避免地要占用大量内存，而且每保存一次对象的状态都需要消耗内存资源，这就是提供 Undo 功能的软件在运行时需要较大内存和硬盘空间的原因了。

6.4　观察者模式及应用

6.4.1　观察者模式

1．模式动机

建立一种对象与对象之间的依赖关系，一个对象发生改变时会自动通知其他对象，而其他对象将做出相应反应。在此,发生改变的对象称为观察目标,而被通知的对象称为观察者,一个观察目标可以对应多个观察者,而且这些观察者之间没有相互联系,可以根据需要增加和删除观察者,使得系统更易于扩展,这就是观察者模式的模式动机。

2. 模式定义

观察者模式(Observer Pattern)定义对象之间的一对多的依赖关系,每当一个对象状态发生改变时,其相关依赖对象都能得到通知并被自动更新。

观察者模式又称发布-订阅(Publish/Subscribe)模式、模型-视图(Model/View)模式、源-监听器(Source/Listener)模式或从属者(Dependents)模式,它是一种对象行为型模式。

3. 模式结构及角色分析

观察者模式的结构相对简单,涉及泛化关系和关联关系,如图 6.4.1 所示。

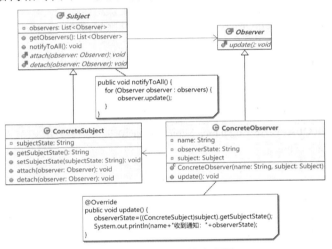

图 6.4.1 观察者模式类图

角色 1:抽象观察者 Observer,它定义了抽象方法 update()。

角色 2:观察目标 Subject(被观察者),它关联 Observer 并维护一个 List<Observer>集合,包含 2 个抽象方法,并定义了向每位观察者发通知的普通方法 notifyToAll()。

角色 3:具体观察者 ConcreteObserver,它关联 ConcreteSubject,并定义了表示目标状态属性的属性 observerState。

角色 4:具体目标 ConcreteSubject,它除需要重写基类的抽象方法外,还定义了表示自身状态属性的 subjectState 字段。

4. 模式实现

【例 6.4.1】观察者模式的基础示例。

程序代码如下:

```
package observer;
import java.util.ArrayList;
import java.util.List;
abstract class Observer{    //抽象观察者
```

```java
        public abstract void  update();       //更新观察到的消息
}
abstract class Subject{    //目标
    //维系若干观察者，体现 Subject 对 Observer 的关联
    private List<Observer> observers = new ArrayList<>();
    public List<Observer> getObservers() {
        return observers;
    }
    public void notifyToAll() {    //发通知
        for (Observer observer : observers) {
            observer.update();
        }
    }
    public abstract void attach(Observer observer);     //附加观察者
    public abstract void detach(Observer observer);     //移除观察者
}
class ConcreteObserver extends Observer{            //具体观察者
    private String name;    //观察者名称
    private String observerState;    //观察到的状态
    private Subject subject;    //体现对 ConcreteSubject 的关联
    public ConcreteObserver(String name, Subject subject) {    //构造方法
        this.name = name;
    }    this.subject = subject;
    @Override
    public void update() {
        observerState = ((ConcreateSubject)subject).getSubjectState();
        System.out.println(name+"收到通知："+observerState);
    }
}
class ConcreateSubject extends Subject{    //具体目标
    private String subjectState;    //目标状态
    public String getSubjectState() {
        return subjectState;
    }
    public void setSubjectState(String subjectState) {
        this.subjectState = subjectState;
    }
    @Override
    public void attach(Observer observer) {
        getObservers().add(observer);
    }
    @Override
    public void detach(Observer observer) {
        getObservers().remove(observer);
    }
}
```

```java
public class Client {        //客户端
    public static void main(String[] args) {
        //创建一个观察目标
        Subject subject = new ConcreteSubject();
        //创建观察者
        ConcreteObserver observer1 = new ConcreteObserver("张三",subject);
        ConcreteObserver observer2 = new ConcreteObserver("李四",subject);
        ConcreteObserver observer3 = new ConcreteObserver("王五",subject);
        //添加观察者到观察目标
        subject.attach(observer1);
        subject.attach(observer2);
        subject.attach(observer3);
        //观察目标设置状态
        ((ConcreteSubject)subject).setSubjectState("明天下午考设计模式！");
        //观察目标发布通知
        subject.notifyToAll();
        System.out.println(" ================================ ");
        subject.detach(observer3);                  //删除一个观察者
        //观察目标更改状态
        ((ConcreteSubject)subject).setSubjectState("后天上午考 Java EE！");
        //观察目标发布通知
        subject.notifyToAll();
    }
}
```

程序运行结果，如图 6.4.2 所示。

```
张三收到通知：明天下午考设计模式！
李四收到通知：明天下午考设计模式！
王五收到通知：明天下午考设计模式！
================================
张三收到通知：后天上午考Java EE！
李四收到通知：后天上午考Java EE！
```

图 6.4.2　程序运行结果

【例 6.4.2】使用另一种方式实现的观察者模式示例。

在观察者模式中作为抽象层也可以使用接口。设想一个借贷方（Debit）与多个放贷方（Credit）的情形，双方约定借贷方资金充足时，通知所有放贷方，并连本带息结清贷款。项目完成后的类文件，如图 6.4.3 所示。

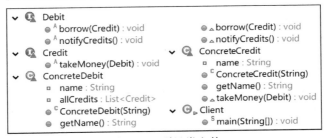

图 6.4.3　项目类文件

程序代码如下：

```java
package observer2;
import java.util.ArrayList;
import java.util.List;
interface Debit{                                    //借款方接口（抽象借款方）
    public void   borrow(Credit credit);            //借钱
    public void notifyCredits();                    //向所有放款方发消息
}
interface Credit{                                   //放款方接口（抽象放款方）
    public void takeMoney(Debit debit);             //借款方通知放款方拿钱
}
class ConcreteDebit implements Debit{               //具体借款方
    private String name;                            //借款人姓名
    private List<Credit>allCredits = new ArrayList<Credit>();        //维护一个放款方集合
    public ConcreteDebit(String name) {             //构造方法
        this.name = name;
    }
    public String getName() {
        return name;
    }
    //实现接口方法
    public void borrow(Credit credit) {             //借款人向放款人借钱
        allCredits.add(credit);                     //添加放款方至集合
    }
    //实现接口方法
    public void notifyCredits() {
        //调用接口方法 takeMoney()；通知的内容就是借款方收到的内容
        allCredits.forEach(credit->credit.takeMoney(new ConcreteDebit(name)));  //Lambda 表达式
    }
}

class ConcreteCredit implements Credit{             //具体放款方
    private String name;                            //放款人姓名
    public ConcreteCredit(String name) {
        this.name = name;
    }
    public String getName() {
        return name;
    }
    //实现接口方法
    public void takeMoney(Debit debit) {            //接口类型的方法参数
        System.out.println(name+"收到通知："+((ConcreteDebit)debit).getName()+"连本带息还我款");
    }
}
```

```java
public class Client {          //客户端
    public static void main(String[] args) {
        ConcreteDebit zhangsan = new ConcreteDebit("张三");          //创建一个具体借款人
        //借款人与放款人之间的一对多关系
        zhangsan.borrow(new ConcreteCredit("李四"));
        zhangsan.borrow(new ConcreteCredit("王五"));
        zhangsan.borrow(new ConcreteCredit("赵六"));
        zhangsan.notifyCredits();          //借款人向所有放款人发布还款通知
    }
}
```

程序运行结果，如图 6.4.4 所示。

```
李四收到通知：张三连本带息还我款
王五收到通知：张三连本带息还我款
赵六收到通知：张三连本带息还我款
```

图 6.4.4 程序运行结果

5．模式评价

观察者模式描述了建立对象与对象之间的依赖关系，以及构造满足这种需求的系统方法。其中，观察目标和观察者是关键对象，一个目标可以有任意数目与之相依赖的观察者，一旦目标的状态发生改变，所有的观察者都将得到通知。作为对这个通知的响应，每个观察者都能即时更新自己的状态，以与目标状态同步。所以，观察者模式也称为发布-订阅模式。目标是通知的发布者，它发出通知时并不需要知道谁是其观察者，可以有任意数目的观察者订阅并接收通知。

观察者模式的优点如下。

（1）观察者模式可以实现表示层和数据逻辑层的分离，并定义稳定的消息更新传递机制，抽象了更新接口，可以有各种各样不同的表示层作为具体观察者角色。

（2）观察者模式能在观察目标和观察者之间建立一个抽象的耦合。

（3）观察者模式支持广播通信。

（4）观察者模式遵循了开闭原则的要求。

观察者模式的缺点如下。

（1）如果一个观察目标对象有很多直接和间接的观察者，将所有的观察者都通知到会花费很多时间。

（2）如果在观察者和观察目标之间有循环依赖的话，会被观察目标触发进行循环调用，导致系统崩溃。

（3）观察者模式没有相应的机制让观察者知道所观察目标对象发生变化的内容，而仅仅是知道观察目标发生了变化。

6．模式的使用

在以下情况下可以使用观察者模式。

（1）一个抽象模型有两个方面，其中一个方面依赖于另一个方面。将这些方面封装在独立的对象中，可以使它们各自独立地改变和复用。

（2）一个对象的改变将导致其他一个或多个对象也发生改变，但不知道具体有多少对象将发生改变，可以降低对象之间的耦合度。

（3）一个对象必须通知其他对象，但并不知道这些对象是谁。

（4）需要在系统中创建一个触发链，将 A 对象的行为影响 B 对象，B 对象的行为影响

C 对象……，就可以使用观察者模式创建一种链式触发机制。

总之，凡是涉及一对多的对象交互场景，都可以使用观察者模式。

6.4.2 观察者模式的应用

1．事件处理模式

在 JDK1.1 版本及以后的各个版本中，事件处理模式采用基于观察者模式的委派事件模型（Delegation Event Model，DEM）。一个 Java 组件所引发的事件并不由引发事件的对象自行处理，而是委派给独立的事件处理对象。

在 DEM 中，事件的发布者称为事件源（Event Source），订阅者叫事件监听器（Event Listener），在这个过程中还可以通过事件对象（Event Object）来传递与事件相关的信息，事件源对象、事件监听对象（事件处理对象）和事件对象构成了 Java 事件处理模型的三个要素。

2．java.util.Observer 与 java.util.Observable

为简化观察者模式的使用，JDK 的包 java.util 提供了支持观察者模式的接口 Observer 和类 Observable，如图 6.4.5 所示。

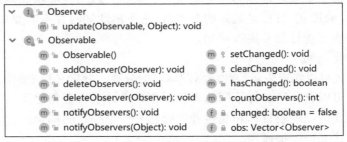

图 6.4.5 接口 Observer 和类 Observable

其中，接口 Observer 作为抽象观察者，类 Observable 作为观察者目标类，可使用向量 obs 存储观察者对象。在实际开发时，可以直接使用接口 Observer 和类 Observable 作为观察者模式的抽象层。

注意：java.util.Observer 方法 update()分别包含类 Observable 和 Object 类型的两个参数。

3．MVC 架构与 MVVM 架构

在 Web 应用开发中，项目的传统架构方式是 MVC，可将项目划分为模型（Model）、视图（View）和控制器（Controller）三个部分。其中，负责存储和处理数据的 Model 是被观察者，负责数据可视化的 View 是观察者。当模型中的数据改变时，作为控制器的 Controller 可通知视图进行相应地改变，如图 6.4.6 所示。

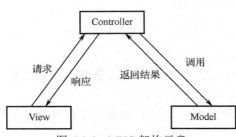

图 6.4.6 MVC 架构示意

目前，Web 前端项目广泛使用 MVVM 架构的 Vue 项目。MVVM（Model View ViewModel）架构本质上就是 MVC 的改进版，它将其中的 View 状态和行为抽象化，并将视图 UI 和业务逻辑分开。在概念上，可真正将页面与数据逻辑分离，它把数

据绑定工作放到一个 JS 文件中去实现，而这个 JS 文件的主要功能是完成数据的绑定，即把 Model 绑定到 UI 元素上。

ViewModel 包含所有 UI 特定的接口和属性，并由一个 ViewModel 的视图绑定属性，实现 View 和 Model 二者之间的松散耦合，如图 6.4.7 所示。

图 6.4.7 MVVM 架构示意

注意：

（1）MVC 架构与 MVVM 架构均使用了观察者模式。

（2）MVC 架构通过 Controller 可实现 Model 与 View 之间的单向绑定，而 MVVM 架构通过 ViewModel 可实现 Model 与 View 之间的双向绑定。

6.5 迭代器模式及应用

6.5.1 迭代器模式

1. 模式动机

一个聚合对象是一个管理和组织数据对象的数据结构，如一个列表（List）或一个集合（Set）聚合对象拥有两个职责：一个是存储数据；另一个是遍历内部数据。其中，存储数据是聚合对象最基本的职责。

聚合对象提供一种方法可以让别人访问其元素，而又不会暴露其内部结构。将遍历聚合对象中数据的行为提取出来，封装到一个迭代器对象中，并通过专门的迭代器来遍历聚合对象的内部数据，这就是迭代器模式的本质。

虽然针对不同的需要会以不同的方式遍历整个聚合对象，但设计者并不希望在聚合对象的抽象层接口中充斥着各种不同遍历的操作。

因此，遍历一个聚合对象，又不用了解聚合对象的内部结构，还能够提供多种不同的遍历方式，这就是迭代器模式所要解决的问题。

注意： 迭代器模式是"单一职责原则"的完美体现。

2. 模式定义

迭代器模式（Iterator Pattern）指提供一种方法来访问聚合对象，而不用暴露这个对象的内部表示。迭代器模式又称为游标（Cursor），属于对象行为型模式。

3. 模式结构及角色分析

迭代器模式结构包含泛化关系、关联关系和依赖关系，如图 6.5.1 所示。

角色 1：抽象迭代器 Iterator，它定义了遍历集合的若干抽象方法。

角色 2：抽象聚合类 Aggregate，它定义了创建迭代器的抽象方法 createIterator()。

角色 3：具体迭代器类 ConcreteIterator，它重写了 Iterator 的抽象方法。

角色 4：具体聚合类 ConcreteAggregate，它重写了 Aggregate 的抽象方法 createIterator()。

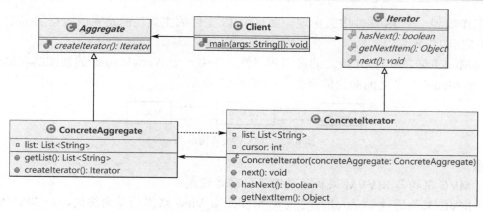

图 6.5.1 迭代器模式类图

注意：
（1）客户端 Client 可同时关联抽象类 Iterator 和 Aggregate。
（2）在具体迭代器 ConcreteIterator 关联具体聚合类 ConcreteAggregate 的同时，具体聚合类 ConcreteAggregate 也依赖具体迭代器 ConcreteIterator。

4．模式实现

【例 6.5.1】迭代器模式的基础示例。

按照迭代器模式完成后的项目类文件，如图 6.5.2 所示。

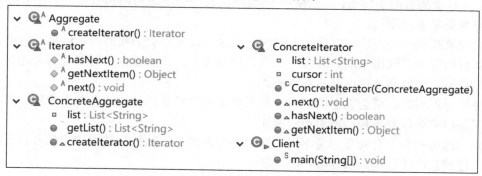

图 6.5.2 项目类文件

程序代码如下：

```
package iterator;
import java.util.ArrayList;
import java.util.List;

abstract class Iterator {                              //抽象迭代器
    protected abstract boolean hasNext();
    protected abstract Object getNextItem();           //Object 通用类型
    protected abstract void next();
}
abstract class Aggregate {                             //抽象聚合类
    //抽象聚合类必须定义的方法
```

```java
        public abstract Iterator createIterator();
}
class ConcreteIterator extends Iterator {            //具体迭代器类
    private List<String> list;
    private int cursor;                              //定义一个游标（正向遍历）
    public ConcreteIterator(ConcreteAggregate concreteAggregate) {
                                                     //ConcreteIterator 关联 ConcreteAggregate
        list = concreteAggregate.getList();
        cursor = 0;                                  //设置初始值
    }
    @Override
    public void next() {
        if (cursor<list.size()) {
            cursor++;
        }
    }
    @Override
    public boolean hasNext() {
        return (cursor<list.size());
    }
    @Override
    public Object getNextItem() {
        return list.get(cursor);
    }
}
class ConcreteAggregate extends Aggregate {          //具体聚合类
    private List<String> list = new ArrayList<String >();
    public List<String> getList(){
        return list;
    }
    @Override
    public Iterator createIterator() {               //ConcreteAggregate 依赖 ConcreteIterator
        return new ConcreteIterator(this);           //根据聚合对象创建迭代器对象
    }
}
public class Client {    //客户端
    public static void main(String[] args) {
        ConcreteAggregate aggregate = new ConcreteAggregate();    //创建聚合对象；Client 关联 Aggregate
        aggregate.getList().add("计算机科学与技术\n");
        aggregate.getList().add("软件工程\n");
        aggregate.getList().add("网络工程\n");
        Iterator iterator = aggregate.createIterator();           //创建迭代器对象；Client 关联 Iterator
        while(iterator.hasNext()) {    //遍历
            System.out.print(((String)iterator.getNextItem()));
            iterator.next();
```

```
        }
    }
}
```

```
计算机科学与技术
软件工程
网络工程
```

图 6.5.3　程序运行结果

程序运行结果，如图 6.5.3 所示。

5．模式评价

迭代器模式的优点如下。

（1）支持以不同方式遍历一个聚合对象，同一个聚合可以有多个遍历。

（2）迭代器简化了聚合类。

（3）在迭代器模式中，增加新的聚合类和迭代器类都很方便，无须修改原有代码，符合开闭原则。

由于迭代器模式将存储数据和遍历数据的职责分离，增加新的聚合类需要对应增加新的迭代器类，类的个数会成对增加，这在一定程度上增加了系统的复杂性。

6.5.2　迭代器模式在 JDK 集合框架中的应用

接口 java.util.Collection 是 Java 集合的根接口，除定义添加与删除集合元素的方法 add() 与方法 remove() 外，还定义了遍历集合元素的方法 iterator()。其中，方法 iterator() 是因为 Collection 继承了接口 java.lang.Iterable。事实上，在 Java IDE 环境里，通过链接跟踪，可以查看到 Collection 的定义如下：

```
public interface Collection<E> extends Iterable<E> {
    Iterator iterator();
    // 接口方法声明
}
```

继续链接跟踪 Iterable 可知，Iterable 的定义如下：

```
public interface Iterable<T> {
    Iterator<T> iterator();
    //其他接口方法声明
}
```

方法 iterator() 的返回值类型也是接口 Iterator 类型。再次链接跟踪 Iterator 可知，Iterator 的定义如下：

```
public interface Iterator<E> {
    boolean hasNext();
    //其他接口方法声明
}
```

Java 集合的主要 API，如图 6.5.4 所示。

注意：集合接口 Collection 和迭代器接口 Iterator 作为迭代器模式的抽象层，位于 Java 实用包 java.util 中，而可迭代接口 Iterable 位于 Java 语言包 java.lang 中。

图 6.5.4　Java 集合的主要 API

6.6 命令模式及其应用

6.6.1 命令模式

1. 模式动机

设想去烧烤店吃烧烤的情形。如果客人直接和烧烤伙计打交道，烧烤伙计将直接面对客户的各种口味需求填订单。有的客人可能会因为等不及而走掉。如果增加一个服务员，专门负责接待客户，那么客人将向服务员点菜，服务员手中拿着烧烤订单纸，客人只要把自己想要的食物写上，并注明需要的口味，服务员需按客人点餐的顺序把订单放在烧烤伙计的窗台上。如果有客人退单，服务员只要把订单抽掉就行了，而烧烤伙计根据订单可安心地做烧烤。

再设想生活中使用空调的情形。早期的空调没有遥控器，用户需要直接操作空调上的相关按钮。有了遥控器后，可通过它发送操作命令，如模式指令（制冷、制热、除湿），空调通过红外接收或蓝牙等技术接收到指令后，便可完成相应的操作，如图 6.6.1 所示。

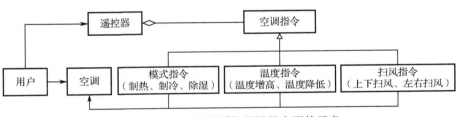

图 6.6.1　用户使用遥控器操纵空调的示意

在软件设计时经常需要向某些对象发送请求，但是并不知道请求的接收者是谁，也不知道被请求的操作是哪个，只需指定具体的请求接收者即可。此时，可以使用命令模式来进行设计，使请求发送者与请求接收者消除彼此之间的耦合，让对象之间的调用关系更加灵活。

2. 模式定义

命令模式（Command Pattern）将一个请求封装为一个对象，从而使用不同的请求对客户进行参数化；对请求排队或记录请求日志，以及支持可撤销的操作。

命令模式是一种对象行为型模式，又称为动作（Action）模式或事务（Transaction）模式。

3. 模式结构及角色分析

命令模式对命令调用者发出的请求命令进行了抽象与实现，它作为命令调用者与接收者之间的中间层，如图 6.6.2 所示。

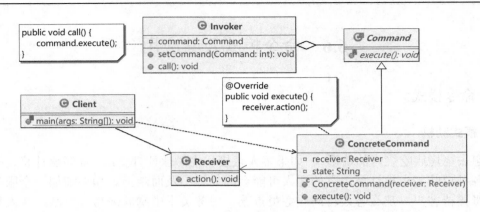

图 6.6.2　命令模式类图

角色 1：接收者 Receiver，它定义了要执行的动作方法 action()。

角色 2：抽象命令 Command，它定义了请求的抽象方法 execute()，是对 action()方法的抽象。

角色 3：具体命令 ConcreteCommand，它作为 Command 的子类，重写了抽象方法，通过它关联的 Receiver 对象完成。

角色 4：调用者 Invoker，它聚合 Command 对象，表示请求发送者，定义了请求方法 call()。

注意：

（1）Command 的方法 execute()是对 Receiver 的方法 action()的抽象，因为不同的接收者有不同的操作。

（2）客户端 Client 关联 Receiver 对象，同时依赖 ConcreteCommand 对象。ConcreteCommand 对象可调用其关联的 Receiver 对象完成对抽象方法 execute()的重写。

（3）当增加新的具体命令类时，不必修改系统已有的类，即命令模式可实现命令调用者（命令请求者）与命令接收者之间的解耦。

4．模式实现

【例 6.6.1】命令模式的基础示例。

实际应用命令模式时，需要处理 ConcreteCommand 对 Receiver 的关联，这可以在具体命令类里维持对 Receiver 的引用，也可以在抽象命令里进行。本例采用在具体命令里定义一个 Receiver 对象作为成员属性，项目完成后的类文件，如图 6.6.3 所示。

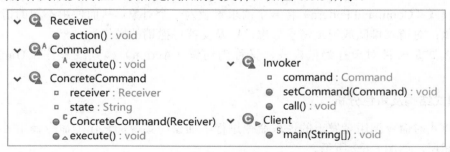

图 6.6.3　项目类文件

程序代码如下:

```java
package command;
class Receiver {    //接收者 Receiver
    public void action() {    //接收与请求相关的操作
        System.out.println("Receiver is working.");
    }
}
abstract class Command {    //抽象命令 Command
    public abstract void    execute();    //接收者工作方法的抽象
}
class ConcreteCommand extends Command {    //具体命令 ConcreteCommand
    private Receiver receiver;    //体现关联
    private String state = "命令 1 未执行";
    public ConcreteCommand(Receiver receiver) {    //构造器注入
        this.receiver = receiver;
        System.out.println(state);
    }
    @Override
    public void execute() {    //重写抽象方法
        receiver.action();    //调用命令接收者方法
        state = "命令 1 已执行";
        System.out.println(state);
    }
}
/*class ConcreteCommand2 extends Command {    //供扩展时使用
    private Receiver receiver;
    private String state = "命令 2 未执行";
    public ConcreteCommand2(Receiver receiver) {    //构造器注入
        this.receiver = receiver;
        System.out.println(state);
    }
    @Override
    public void execute() {    //重写抽象方法
        state = "命令 2 已执行";
        receiver.action();    //调用命令接收者方法
        System.out.println(state);
    }
}*/

class Invoker {    //调用者 Invoker
    private Command command;    //Invoker 聚合 Command
    public void setCommand(Command command) {    //setter
        this.command = command;
    }
    public void call() {    //定义请求方法
```

```java
            command.execute();    //调用命令者完成
        }
    }
    public class Client {    //客户端
        public static void main(String[] args) {
            //下面的代码是通过命令请求者执行命令的
            System.out.println(" =====使用命令模式===== ");
            Receiver receiver = new Receiver();    //创建命令接收者；Client 关联 Receiver
            //Client 依赖 ConcreteCommand，//作为参数类型
            Invoker invoker = new Invoker();    //将命令请求者
            invoker.setCommand(new ConcreteCommand(receiver));
            invoker.call(); //由请求者发送命令
            //下面的代码也能实现上面代码的功能，并未使用 Invoker 类（非命令模式——直接方式）
            System.out.println("\n ====不使用命令模式==== ");
            receiver.action();
            /*System.out.println(" =============== ");
            //使用新的具体命令，并取消类 ConcreteCommand2 定义的注释
            invoker.setCommand(new ConcreteCommand2(receiver));
            invoker.call(); */
        }
    }
```

```
=====使用命令模式=====
命令1未执行
Receiver is working.
命令1已执行

====不使用命令模式====
Receiver is working.
```

图 6.6.4　程序运行结果

程序运行结果，如图 6.6.4 所示。

5．模式评价

命令模式的优点如下。

（1）降低系统的耦合度；
（2）新的命令可以很容易加入系统中；
（3）可较容易设计一个命令队列和宏命令（组合命令）；
（4）可方便地实现对请求的撤销与恢复。

注意：命令模式可能会导致某些系统有过多的具体命令类。由于针对每个命令都需要设计一个具体命令类，因此，某些系统可能需要大量的具体命令类，这将影响命令模式的使用。

6.6.2　智能家居遥控器

智能家居遥控器能控制多种家用电器。因此在使用命令模式时，需要定义多个命令接收者。相应地，作为命令调用者的遥控器，也需要使用集合存放不同电器设备的指令。

【例 6.6.2】智能家居遥控器。

本例智能家居遥控器 RemoteController 可实现对所有不同家电（如灯和电视机等）的开关控制，智能家居遥控器示意如图 6.6.5 所示。

项目完成后的类文件，如图 6.6.6 所示。

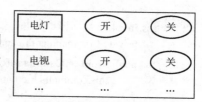

图 6.6.5　智能家居遥控器示意

```
                ▽ ⊙ LightReceiver                    ▽ ⊙ TVOnCommand
                     ● on() : void                        □ tvReceiver : TVReceiver
                     ● off() : void                       ● ᶜ TVOnCommand(TVReceiver)
                ▽ ⊙ TVReceiver                            ● ▲ execute() : void
                     ● on() : void                   ▽ ⊙ TVOffCommand
                     ● off() : void                       □ tvReceiver : TVReceiver
                ▽ ⊙ Command                               ● ᶜ TVOffCommand(TVReceiver)
                     ● ᴬ execute() : void                 ● ▲ execute() : void
                ▽ ⊙ LightOnCommand                   ▽ ⊙ RemoteController
                     □ lightReceiver : LightReceiver      ● onCommands : List<Command>
                     ● ᶜ LightOnCommand(LightReceiver)    ● offCommands : List<Command>
                     ● ▲ execute() : void                 ● getOnCommands() : List<Command>
                ▽ ⊙ LightOffCommand                       ● getOffCommands() : List<Command>
                     □ lightReceiver : LightReceiver      ● onButtonWasPushed(int) : void
                     ● ᶜ LightOffCommand(LightReceiver)   ● offButtonWasPushed(int) : void
                     ● ▲ execute() : void             ▽ ⊙ Client
                                                          ● ˢ main(String[]) : void
```

图 6.6.6　项目类文件

程序代码如下：

```java
package command_ext;
import java.util.ArrayList;
import java.util.List;
class LightReceiver {                                       //接收者：灯作为一种家电设备
    public void on() {
        System.out.println("开灯");
    }
    public void off() {
        System.out.println("关灯");
    }
}
class TVReceiver {                                          //接收者：电视机作为另一种家电设备
    public void on() {
        System.out.println("打开电视机");
    }
    public void off() {
        System.out.println("关闭电视机");
    }
}
interface Command {                                         //抽象命令
}
class LightOnCommand implements Command{                    //具体命令：开灯
    private LightReceiver lightReceiver;                    //聚合接收者
    public LightOnCommand(LightReceiver lightReceiver) {    //构造方法
        this.lightReceiver = lightReceiver;
    }
    //实现接口方法
    public void execute() {
        lightReceiver.on();
```

```java
    }
}
class LightOffCommand implements Command{          //具体命令：关灯
    private LightReceiver lightReceiver;           //聚合接收者
    public LightOffCommand(LightReceiver lightReceiver) {
        this.lightReceiver = lightReceiver;
    }
    //实现接口方法
    public void execute() {
        lightReceiver.off();
    }
}
class TVOnCommand implements Command{              //具体命令：打开电视机
    private TVReceiver tvReceiver;                 //聚合接收者
    public TVOnCommand(TVReceiver tvReceiver) {    //构造方法
        this.tvReceiver = tvReceiver;
    }
    //实现接口方法
    public void execute() {
        tvReceiver.on();
    }
}
class TVOffCommand implements Command{             //具体命令：关闭电视机
    private TVReceiver tvReceiver;                 //聚合接收者
    public TVOffCommand(TVReceiver tvReceiver) {   //构造方法
        this.tvReceiver = tvReceiver;
    }
    //实现接口方法
    public void execute() {
        tvReceiver.off();
    }
}
class RemoteController {                           //调用者：可认为是遥控器
    private List<Command> onCommands = new ArrayList<Command>();
    private List<Command> offCommands = new ArrayList<Command>();
    public List<Command> getOnCommands() {
        return onCommands;
    }
    public List<Command> getOffCommands() {
        return offCommands;
    }
    public void onButtonWasPushed(int index) {     //定义请求方法
```

```java
            onCommands.get(index).execute();           //调用命令者完成
        }
        public void offButtonWasPushed(int index) {    //定义请求方法
            offCommands.get(index).execute();          //调用命令者完成
        }
    }
}
public class Client {                                  //客户端
    public static void main(String[] args) {
        RemoteController remoteController = new RemoteController(); //创建一个遥控器对象
        LightReceiver lightReceiver = new LightReceiver();
        remoteController.getOnCommands().add(new LightOnCommand(lightReceiver));
        remoteController.getOffCommands().add(new LightOffCommand(lightReceiver));
        TVReceiver tvReceiver = new TVReceiver();
        remoteController.getOnCommands().add(new TVOnCommand(tvReceiver));
        remoteController.getOffCommands().add(new TVOffCommand(tvReceiver));
        System.out.println("回家了...");
        remoteController.onButtonWasPushed(0);         //开灯
        remoteController.onButtonWasPushed(1);         //打开电视机
        System.out.println("准备出门了...");
        remoteController.offButtonWasPushed(1);        //关闭电视机
        remoteController.offButtonWasPushed(0);        //关灯
    }
}
```

程序运行结果，如图 6.6.7 所示。

注意：

（1）使用命令模式设计的智能家居系统，具有良好的扩展性。当新增家电设备时，不必修改已有的设备。

（2）本例假定电器只有开和关两种状态。实际应用中需要相应地修改命令集合。

```
回家了...
开灯
打开电视机
准备出门了...
关闭电视机
关灯
```

图 6.6.7　程序运行结果

6.6.3　日志功能与命令的撤销和恢复功能

很多系统要求具有日志功能，以便在系统发生故障时提供一种恢复机制。日志文件是请求的历史记录，Windows 和数据库系统都具有日志功能。在命令模式中，通过修改命令类，可以实现请求的撤销（Undo）和恢复（Redo）功能，这是系统实现日志功能的基础。

【例 6.6.3】使用命令模式实现一次撤销和恢复的功能。

加法器作为接收者，在命令类里除定义业务方法 execute() 外，还分别定义了方法 undo() 和方法 redo()。撤销操作可通过加法器加原来的相反数来实现，而恢复操作可通过加法器再加原来的数来实现。项目完成后的类文件，如图 6.6.8 所示。

```
         ∨ ⊙ Adder                              ⊙ ▲ execute(int) : int
             □  num : int                       ⊙ ▲ undo() : int
             ⊙  add(int) : int                  ⊙ ▲ redo() : int
         ∨ ⊙^A AbstractCommand              ∨ ⊙ Calculator
             ⊙^A execute(int) : int             □  command : AbstractCommand
             ⊙^A undo() : int                   ⊙  setCommand(AbstractCommand) : void
             ⊙^A redo() : int                   ⊙  compute(int) : void
         ∨ ⊙ ConcreteCommand                    ⊙  undo() : void
             □  adder : Adder                   ⊙  redo() : void
             □  value : int                 ∨ ⊙ Client
             ⊙^C ConcreteCommand(Adder)         ⊙^S main(String[]) : void
```

图 6.6.8　项目类文件

程序代码如下：

```java
package command2;
class Adder {                                           //接收者
    private int num = 0;
    public int add(int value) {
        num += value;                                   //累加
        return num;
    }
}

abstract class AbstractCommand {                        //抽象命令
    public abstract int execute(int value);             //命令执行方法 execute()
    public abstract int undo();                         //撤销方法 undo()
    public abstract int redo();                         //恢复方法 redo()
}

class ConcreteCommand extends AbstractCommand {         //具体命令
    private Adder adder;                                //在具体命令中维持一个接收者
    private int value;
    public ConcreteCommand(Adder adder) {               //有参构造方法
        this.adder = adder;
    }
    @Override
    public int execute(int value) {
        this.value = value;
        return adder.add(value);
    }
    @Override
    public int undo() {
        return adder.add(-value);
    }
    @Override
    public int redo() {
        return adder.add(value);
    }
}

class Calculator {                                      //发送者
    private AbstractCommand command;                    //Calculator 聚合 AbstractCommand
```

```java
    public void setCommand(AbstractCommand command) {
        this.command = command;
    }
    public void compute(int value) {
        int i = command.execute(value);                //调用命令
        System.out.println("执行运算，运算结果为："+i);
    }
    public void undo() {
        int i = command.undo();                        //调用命令
        System.out.println("执行撤销，运算结果为："+i);
    }
    public void redo(){
        int i = command.redo();                        //调用命令
        System.out.println("执行恢复，运算结果为："+i);
    }
}
public class Client {                                  //客户端
    public static void main(String[] args) {
        Adder adder = new Adder();                     //接收者；Client 关联 Adder
        Calculator calculator = new Calculator();      //调用者
        //Client 依赖 ConcreteCommand
        calculator.setCommand(new ConcreteCommand(adder));
        calculator.compute(5);                         //结果为 5
        calculator.compute(34);                        //结果为 39
        calculator.undo();                             //撤销操作，结果为 5
        calculator.redo();                             //恢复操作，结果为 39
    }
}
```

程序运行结果，如图 6.6.9 所示。

> 执行运算，运算结果为 5
> 执行运算，运算结果为 39
> 执行撤销，运算结果为 5
> 执行恢复，运算结果为 39

图 6.6.9　程序运行结果

6.6.4　使用栈实现多次撤销与恢复

大多数编辑软件都提供了多次撤销与恢复功能。

【例 6.6.4】使用栈可实现多次撤销和恢复功能。

为实现多次撤销和恢复功能，可通过引入两个栈来分别存储需要撤销和恢复的数据。JDK 提供了类 java.util.Stack，用以实现一组元素的"先进后出"操作。

项目完成后的类文件，如图 6.6.10 所示。

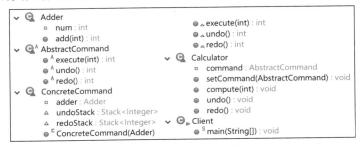

图 6.6.10　项目类文件

程序代码如下：

```java
package command2a;
import java.util.Stack;
class Adder {                                              //接收者
    private int num = 0;
    public int add(int value) {
        num += value;
        return num;
    }
}
abstract class AbstractCommand {                           //抽象命令
    public abstract int execute(int value);                //命令执行方法
    public abstract int undo();                            //撤销方法
    public abstract int redo();                            //恢复方法
}
class ConcreteCommand extends AbstractCommand {            //具体命令
    private Adder adder;
    Stack<Integer> undoStack = new Stack<Integer>();       //用来存储需要撤销的数据
    Stack<Integer> redoStack = new Stack<Integer>();       //用来存储需要恢复的数据
    public ConcreteCommand(Adder adder) {
        this.adder = adder;
    }
    @Override
    public int execute(int value) {
        int i = 0;
        if (undoStack.isEmpty()) {
            i = adder.add(value);
            undoStack.push(i);
        } else {
            i = adder.add(value);
            undoStack.push(i);
            if (!redoStack.isEmpty()) {
                for (int a = 0; a < redoStack.size(); a++) {
                    redoStack.pop();
                }
            }
        }
        return i;
    }
    @Override
    public int undo() {
        int i = 0;
        if (undoStack.isEmpty()) {
            i = -1;
        } else {
            Integer pop = undoStack.pop();
```

```java
                    redoStack.push(pop);
                    //判断弹出数据后是否为空,如果为空,则说明已撤回到最原始状态
                    if (!undoStack.isEmpty()) {
                            i = undoStack.peek();
                    }
            }
        }
        return i;
    }

    @Override
    public int redo() {
        int i = 0;
        if (redoStack.isEmpty()) {
                i = -1;
        } else {
                Integer pop = redoStack.pop();
                undoStack.push(pop);
                i = pop;
        }
        return i;
    }
}
class Calculator {                                              //发送者
    private AbstractCommand command;                            //Calculator 聚合 AbstractCommand
    public void setCommand(AbstractCommand command) {
            this.command = command;
    }
    public void compute(int value) {
            int i = command.execute(value);                     //调用命令
            System.out.println("执行运算,运算结果为" + i);

    }
    public void undo() {
            int i = command.undo();                             //调用命令
            if(i == -1) {
                    System.out.println("已经是第一次运算,不能再撤销");
            }else {
                    System.out.println("执行撤销,运算结果为" + i);
            }
    }
    public void redo(){
            int i = command.redo();                             //调用命令
            if(i == -1) {
                    System.out.println("已经是最后一次运算结果,不能再恢复");
            }else {
                    System.out.println("执行恢复,运算结果为" + i);
            }
    }
}
```

```java
}
public class Client {                                              //客户端
    public static void main(String[] args) {
        Adder adder = new Adder();
        Calculator calculator = new Calculator();                  //调用者
        calculator.setCommand(new ConcreteCommand(adder));
        calculator.compute(5);                                     //结果为 5
        calculator.compute(34);                                    //结果为 39
        calculator.compute(22);                                    //结果为 61
        calculator.undo();                                         //第一次撤销,结果为 39
        calculator.undo();                                         //第二次撤销,结果为 5
        calculator.undo();                                         //第三次撤销,结果为 0
        calculator.undo();                                         //不能再撤销
        calculator.redo();                                         //第一次恢复,结果为 5
        calculator.redo();                                         //第二次恢复,结果为 39
        calculator.redo();                                         //第三次恢复,结果为 61
        calculator.redo();                                         //不能再恢复
    }
}
```

程序运行结果，如图 6.6.11 所示。

6.6.5 联用命令模式和组合模式实现宏命令

宏命令又称组合命令，它是命令模式与组合模式联合使用的产物。宏命令也是一个具体命令，只是它包含了对其他命令对象的引用。一个宏命令的成员对象可以是简单命令，也可以是宏命令。因此，在调用宏命令的 execute()方法时，会递归调用它所包含的每个成员命令的 execute()方法，从而实现对命令的批处理。

```
执行运算,运算结果为 5
执行运算,运算结果为 39
执行运算,运算结果为 61
执行撤销,运算结果为 39
执行撤销,运算结果为 5
执行撤销,运算结果为 0
已经是第一次运算,不能再撤销
执行恢复,运算结果为 5
执行恢复,运算结果为 39
执行恢复,运算结果为 61
已经是最后一次运算结果,不能再恢复
```

图 6.6.11 程序运行结果

【例 6.6.5】联用命令模式和组合模式使用宏命令的功能。

宏命令包含的加法命令和乘法命令可作为基本命令，分别关联作为命令接收者的加法器 Adder 和 Multi，如图 6.6.12 所示。

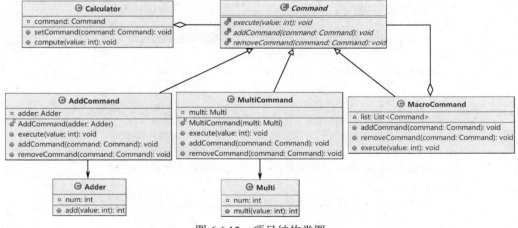

图 6.6.12 项目结构类图

项目完成后的类文件，如图 6.6.13 所示。

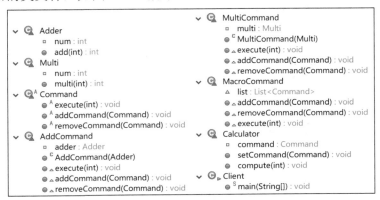

图 6.6.13　项目类文件

程序代码如下：

```java
package command3;

import java.util.ArrayList;
import java.util.List;
class Adder {                                           //加法器；命令接收者
    private int num = 0;                                //累加初值
    public int add(int value) {
        num += value;
        return num;
    }
}
class Multi {                                           //乘法器；命令接收者
    private int num = 1;                                //累乘初值
    public int multi(int value) {
        num * = value;
        return num;
    }
}
abstract class Command {                                //抽象命令
    public abstract void execute(int value);            //命令执行方法
    public abstract void addCommand(Command command);   //增加命令方法
    public abstract void removeCommand(Command command);//删除命令方法
}
class AddCommand extends Command {                      //加法；叶子构件
    private Adder adder;

    public AddCommand(Adder adder) {
        this.adder = adder;
    }
    @Override
```

169

```java
        public void execute(int value) {
            System.out.println("加法运算结果为"+adder.add(value));
        }
        @Override
        public void addCommand(Command command) {
            throw new UnsupportedOperationException();
        }
        @Override
        public void removeCommand(Command command) {
            throw new UnsupportedOperationException();
        }
    }
    class MultiCommand extends Command {                    //乘法；叶子构件
        private Multi multi;
        public MultiCommand(Multi multi) {
            this.multi = multi;
        }
        @Override
        public void execute(int value) {
            System.out.println("乘法运算结果为"+multi.multi(value));
        }
        @Override
        public void addCommand(Command command) {
            throw new UnsupportedOperationException();
        }
        @Override
        public void removeCommand(Command command) {
            throw new UnsupportedOperationException();
        }
    }
    class MacroCommand extends Command {                    //容器
        List<Command> list = new ArrayList<Command>();
        @Override
        public void addCommand(Command command) {
            list.add(command);
        }
        @Override
        public void removeCommand(Command command) {
            list.remove(command);
        }
        @Override
        public void execute(int value) {
            for(Command c:list) {                           //遍历
                c.execute(value);
```

```java
        }
    }
}
class Calculator {                                              //命令发送者（调用者）
    private Command command;                                    //Calculator 聚合 Command
    public void setCommand(Command command) {
        this.command = command;
    }
    public void compute(int value) {
        command.execute(value);                                 //调用命令
    }
}
public class Client {                                           //客户端
    public static void main(String[] args) {
        Adder adder = new Adder();                              //创建命令接收者
        Multi multi = new Multi();                              //创建命令接收者
        Calculator calculator = new Calculator();               //调用者
        calculator.setCommand(new AddCommand(adder));
        calculator.compute(5);                                  //结果为 5
        calculator.setCommand(new MultiCommand(multi));
        calculator.compute(6);                                  //结果为 6
        System.out.println(" ===执行宏命令结果=== ");
        Command macroCommand = new MacroCommand();
        macroCommand.addCommand(new AddCommand(adder));
        macroCommand.addCommand(new MultiCommand(multi));
        calculator.setCommand(macroCommand);
        calculator.compute(7);                                  //批处理；显示 5+7，6*7
        calculator.compute(8);                                  //批处理；显示 12+8，42*8
    }
}
```

程序运行结果，如图 6.6.14 所示。

注意：程序具有良好的扩展性，如添加减法只需要添加两个相应的类。

```
加法运算结果为 5
乘法运算结果为 6
===执行宏命令结果===
加法运算结果为 12
乘法运算结果为 42
加法运算结果为 20
乘法运算结果为 336
```

图 6.6.14 程序运行结果

6.7 状态模式及应用

6.7.1 状态模式

1．模式动机

设想银行系统的情形，一个账户对象的状态处于若干个不同状态之一：正常状态、透支状态和受限状态。当客户在对账户进行存/取款操作时，账户类可根据自身的当前状态做出不同的反应，同时进行对象状态的切换。如账户处于受限状态就没有办法再进行取款操作，一个取款操作需要先了解账户对象的状态。

在很多情况下，一个对象的行为取决于一个或多个动态变化的属性，其中属性称为状态，对象称为有状态的（stateful）对象。对象状态是从事先定义好的一系列值中取出的。当一个这样的对象与外部事件产生互动时，其内部状态就会改变，从而使系统的行为也随之发生变化。

状态模式可以描述账户如何在每一种状态下表现出不同的行为。如一旦取款操作完成，其对象的状态也将动态地发生变化，取款后账户余额如果低于某个值，其状态就会从正常状态转为透支状态。

状态模式的关键是引入了一个抽象类来专门表示对象的状态，而具体状态类则继承了该类，并在不同具体状态类中实现不同状态的行为，包括各种状态之间的转换。

2．模式定义

状态模式（State Pattern）允许一个对象在其内部状态发生变化时改变其行为，使对象看起来似乎修改了它的类。

状态模式又称状态对象（Objects for States），它属于对象行为型模式。

3．模式结构及角色分析

状态模式同时存在泛化和关联（聚合）关系，如图 6.7.1 所示。

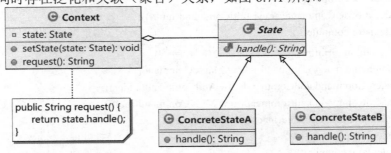

图 6.7.1　状态模式类图

角色 1：抽象状态类 State，它定义了抽象的业务方法 handle()。

角色 2：具体状态类 ConcreteState，它作为 State 的子类，重写了抽象方法 handle()。

角色 3：上下文类 Context，表示拥有多种状态的对象。Context 也称为环境类，可聚合 State 对象，它定义了供客户端使用的业务方法 request()。

要点：客户端 Client 针对抽象 Context 编程，使 Context 关联 State，其方法 request() 的实现可通过调用 ConcreteState 对象的方法 handle() 完成。

4．模式实现

【例 6.7.1】状态模式的示例。

设想商品的打折情形。将不同的折扣商品封装到不同的状态类，使商品在其内部状态改变时可改变其行为。抽象状态类 State 定义了打折的抽象方法 handle()，具体状态类 ConcreteStateA 表示普通折扣，具体状态类 ConcreteStateB 表示 VIP 折扣，上下文类 Context 表示拥有多种状态的对象。

程序代码如下：

```java
package state;
abstract class State {                              //抽象状态
    public abstract String handle();
}
class ConcreteStateA extends State {                //具体状态
    @Override
    public String handle() {                        //重写抽象方法
        return "10%";
    }
}

class ConcreteStateB extends State {                //具体状态
    @Override
    public String handle() {                        //重写抽象方法
        return "20%";
    }
}

class Context {                                     //上下文
    private State state;                            //Context 聚合 State
    public void setState(State state) {             //setter 注入
        this.state = state;
    }
    public String request() {                       //供客户端请求的方法
        return state.handle();
    }
}
public class Client {                               //客户端
    public static void main(String[] args) {
        //Client 关联 State，客户端程序面向抽象编程
        Context context = new Context();
        //System.out.println(context.request());    //未设置属性 state 时，可引起空指针异常
        //对象在其内部状态改变时，可改变其行为
        context.setState(new ConcreteStateA());     //设置状态
        System.out.println("按照普通客户的折扣：" + context.request());
        context.setState(new ConcreteStateB());     //改变状态
        System.out.println("按照 VIP 客户的折扣：" + context.request());
    }
}
```

程序运行结果，如图 6.7.2 所示。

【例 6.7.2】使用状态模式，模拟交通信号灯（绿、黄、红）的交替变化过程。

与例 6.7.1 不同的是，类 State 的抽象方法 handle()以 Context 作为参数，且返回值类型为 void，每次对上下文对象的 request 请求，可自动切换至另一种状态。

```
按照普通客户的折扣：10%
按照VIP客户的折扣：20%
```

图 6.7.2 程序运行结果

程序代码如下：

```java
package state1;
abstract class State {                              //抽象状态
    public abstract void handle(Context context);
}
class ConcreteStateA extends State {                //具体状态
    @Override
    public void handle(Context context) {           //重写抽象方法
        System.out.println("ConcreteStateA---绿灯");
        context.setState(new ConcreteStateB());     //重设上下文状态
    }
}
class ConcreteStateB extends State {                //具体状态
    @Override
    public void handle(Context context) {           //重写抽象方法
        System.out.println("ConcreteStateB---黄灯");
        context.setState(new ConcreteStateC());
    }
}
class ConcreteStateC extends State {
    @Override
    public void handle(Context context) {
        System.out.println("ConcreteStateC---红灯");
        context.setState(new ConcreteStateA());
    }
}
class Context {                                     //上下文
    private State state;                            //Context 聚合 State
    public Context() {
        state = new ConcreteStateA();               //设置初始状态
    }
    public void setState(State state) {             //setter 注入
        this.state = state;
    }
    public void request() {                         //供客户端请求的方法
        state.handle(this);
    }
}
public class Client {                               //客户端
    public static void main(String[] args) {
        Context context = new Context();            //Client 关联 Context
        context.request();
        context.request();
        context.request();
```

```
            context.request();
        }
}
```

程序运行结果，如图 6.7.3 所示。

ConcreteStateA---绿灯
ConcreteStateB---黄灯
ConcreteStateC---红灯
ConcreteStateA---绿灯

图 6.7.3　程序运行结果

5．模式评价

当对象的行为依赖于其状态（属性），并且必须根据其状态改变而改变相关行为时，应使用状态模式。

状态模式的优点如下。

（1）状态模式将对象的状态封装到状态类中，使对象状态可以灵活变化。因需要枚举可能的状态，所以需要事先确定状态种类。

（2）状态模式可避免状态的不一致性，因为状态改变只能使用一个状态对象而不是几个对象或属性。

（3）状态模式具有封装转换过程，也就是转换规则。

（4）状态模式可将所有与某个状态有关的行为都放到一个对象里。

（5）状态模式允许状态转换逻辑与状态对象合成一体，而不是某个巨大的条件语句块或 switch 语句。

状态模式的缺点是，状态模式的使用必然会增加系统类（对象）的个数。

6.7.2　状态模式与策略模式应用的比较

使用策略模式时，客户端需要知道所选的具体策略是哪一个，而使用状态模式时，客户端则无须关心具体状态，环境类的状态会根据用户的操作自动转换。

如果系统中某个类的对象存在多种状态，不同状态下行为有所差异，且这些状态之间可以发生转换时，使用状态模式；如果系统中某类的某一个行为存在多种实现方式，且这些实现方式可以互换时，使用策略模式。

策略模式的环境类可自己选择一个具体策略类，并且具体策略类无须关心环境类。或者说，环境类和状态类之间是一种单向的关联关系。

在实际应用开发中，状态模式的环境类对象可能包含于具体状态中，以便通过状态类的方法实现状态的切换。因此，环境类和状态类之间存在一种双向的关联关系。

【例 6.7.3】银行个人信用卡账户状态的自动切换。

设想银行个人信用卡账户在不同状态下的行为封装问题，其信用等级为 2000 元。银行账户类 Account 是账户的环境类，聚合了 AccountState 对象，定义了账户所有人和账户余额字段，以及可能会使用的存款、取款和结算等方法。

抽象账户状态类 AccountState 关联 Account，并在其子类 NormalState（正常状态）里通过构造方法实例化，还定义了与 Account 相关的抽象方法。

AccountState 的子类还有 OverdraftState（透支状态）和 RestrictedState（受限状态）。其中，AccountState 子类重写的方法 stateCheck()实现了账户状态的自动切换。

项目完成后的类图，如图 6.7.4 所示。

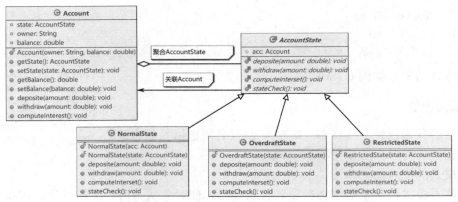

图 6.7.4 项目完成后的类图

程序代码如下:

```java
package state2;
class Account{                              //银行账户
    private AccountState state;             //账户的当前状态
    private String owner;                   //开户名
    private double balance = 0;             //余额
    public void setState(AccountState state) {  //setter 注入，Account 聚合 AccountState
        this.state = state;
    }
    public Account(String owner, double balance) {   //构造器
        this.owner = owner;
        this.balance = balance;
        this.state = new NormalState(this);          //设置初始状态
    }
    public AccountState getState() {
        return state;
    }
    public double getBalance() {
        return balance;
    }
    public void setBalance(double balance) {
        this.balance = balance;
    }
    //通过 State 对象分别调用抽象状态类定义的存款、取款和计息方法
    public void deposite(double amount) {
        System.out.println(this.owner+"存款"+amount);
        state.deposite(amount);                      //
        System.out.println("现在余额为"+balance);
        System.out.println("现在状态为"+state.getClass().getName());
        System.out.println("--------------------------");
    }
    public void withdraw(double amount) {
```

```java
            System.out.println(this.owner+"取款"+amount);
            state.withdraw(amount);                        //
            System.out.println("现在余额为"+balance);
            System.out.println("现在状态为"+state.getClass().getName());
            System.out.println("--------------------------");
    }
    public void computeInterest() {
            state.computeInterset();                       //
    }
}
abstract class AccountState{                               //抽象账户状态
    protected Account acc;                                 //账户，反向聚合
    public abstract void deposite(double amount);          //存款
    public abstract void withdraw(double amount);          //取款
    public abstract void computeInterset();                //计算利息
    public abstract void stateCheck();                     //状态检查
}
class NormalState extends AccountState{                    //通常状态类：抽象账户状态类的子类
    public NormalState(Account acc) {                      //构造方法，参数为 Account 类型
            this.acc = acc;
    }
    public NormalState(AccountState state) {               //构造方法，参数为基类型
            this.acc = state.acc;
    }
    @Override
    public void deposite(double amount) {
            acc.setBalance(acc.getBalance()+amount);
            stateCheck();
    }
    @Override
    public void withdraw(double amount) {
            acc.setBalance(acc.getBalance()-amount);
            stateCheck();
    }
    @Override
    public void computeInterset() {
            System.out.println("正常状态，无须支付利息！");
    }
    @Override
    public void stateCheck() {
            if(acc.getBalance()>-2000 && acc.getBalance()< = 0) {
                    acc.setState(new OverdraftState(this));
            }else if(acc.getBalance() == -2000) {
                    acc.setState(new RestrictedState(this));
            }else if(acc.getBalance()<-2000) {
```

```java
            System.out.println("操作受限！");
        }
    }
}
class OverdraftState extends AccountState{
    public  OverdraftState(AccountState state) {        //构造方法，参数为基类型
        this.acc = state.acc;
    }
    //存款或取款都会引起余额的变化，因此，需要使用方法 stateCheck()
    @Override
    public void deposite(double amount) {
        acc.setBalance(acc.getBalance()+amount);
        stateCheck();
    }
    @Override
    public void withdraw(double amount) {
        acc.setBalance(acc.getBalance()-amount);
        stateCheck();
    }
    @Override
    public void computeInterset() {
        System.out.println("计算利息！");
    }
    @Override
    public void stateCheck() {                       //存款或取款后都要执行的方法
        if(acc.getBalance()>0) {
            acc.setState(new NormalState(this));
        }else if(acc.getBalance() == -2000) {
            acc.setState(new RestrictedState(this));
        }else if(acc.getBalance()<-2000) {
            System.out.println("操作受限！");
        }
    }
}
class RestrictedState extends AccountState{
    public RestrictedState(AccountState state) {        //构造方法，参数为基类型
        this.acc = state.acc;
    }
    @Override
    public void deposite(double amount) {
        acc.setBalance(acc.getBalance()+amount);
        stateCheck();
    }
    @Override
```

```java
        public void withdraw(double amount) {
            System.out.println("账户受限，取款失败");
        }
        @Override
        public void computeInterset() {
            System.out.println("计算利息！ ");
        }
        @Override
        public void stateCheck() {
            if(acc.getBalance()>0) {
                acc.setState(new NormalState(this));
            }else if(acc.getBalance()>-2000) {
                acc.setState(new OverdraftState(this));
            }
        }
    }
}
public class Client {      //客户端
    public static void main(String[] args) {
        Account account = new Account("张三",0.0);   //创建一个银行账户
        account.deposite(1000);                     //存款 1000 元账户为正常状态
        account.withdraw(2000);                     //取款 2000 元账户为透支状态
        account.deposite(3000);                     //存款 3000 元账户为正常状态
        account.withdraw(4000);                     //取款 4000 元账户为受限状态
        account.withdraw(1000);                     //取款 1000 元账户为受限状态，不能取款
        account.computeInterest();                  //计算利息
    }
}
```

程序运行结果，如图 6.7.5 所示。

```
张三存款1000.0
现在余额为1000.0
现在状态为state2.NormalState
------------------------------
张三取款2000.0
现在余额为-1000.0
现在状态为state2.OverdraftState
------------------------------
张三存款3000.0
现在余额为2000.0
现在状态为state2.NormalState
------------------------------
张三取款4000.0
现在余额为-2000.0
现在状态为state2.RestrictedState
------------------------------
张三取款1000.0
账户受限，取款失败
现在余额为-2000.0
现在状态为state2.RestrictedState
------------------------------
计算利息！
```

图 6.7.5　程序运行结果

6.8 职责链模式及其扩展

6.8.1 职责链模式

1．模式动机

考虑 Java 语言中异常处理的情形。一个 try 可以对应多个 catch，当第 1 个 catch 不匹配时，将自动跳转到第 2 个 catch，依次类推。通常链上的每一个对象都是请求处理者，职责链模式可以将请求的处理者组织成一条链，并使请求沿着链进行传递，由链上的处理者对请求做相应处理。

客户端无须关心请求的处理细节和传递，只要将请求发送到链上即可，将请求的发送者和请求的处理者解耦。

2．模式定义

职责链模式（Chain of Responsibility Pattern）指为了避免请求发送者与接收者耦合在一起，让多个对象都有可能接收请求，将这些对象连接成一条链，并且沿着这条链传递请求，直到有对象处理为止。

职责链模式又称责任链模式，它是一种对象行为型模式。

3．模式结构及角色分析

职责链模式结构包含泛化和自关联等关系，如图 6.8.1 所示。

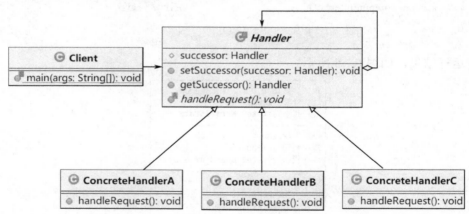

图 6.8.1　职责链模式类图

角色 1：抽象处理者 Handler，它一般设计为抽象类，定义了抽象方法 handleRequest()。同时，还定义了一个 Handler 类型的对象 successor（接替者）。

角色 2：具体处理者 ConcreteHandler，它是 Handler 的子类，重写了处理请求的抽象方法 handleRequest()。

角色 3：客户端 Client，它关联了 Handler。

注意：

（1）Handler通过定义自身类型的对象successor作为对接替者的引用，而形成处理者链（自身聚合）。

（2）ConcreteHandler处理请求之前，先要查看是否有处理权限。若有权限则处理；若没有则将请求转发至后继者。

（3）请求发出者并不知道链上的哪个对象是请求处理的终结者，这使其可以动态地重新组织链和分配职责。

（4）职责链并非由职责链模式负责创建，而是由系统的其他部分来完成的，一般是在使用职责链的客户端中创建职责链。职责链模式降低了请求发送端和接收端之间的耦合，使多个对象都有机会处理这个请求。

（5）实际应用中，通常使用一个类来表示请求。显然，请求类并非是职责链模式的角色。

4．模式实现

【例6.8.1】 职责链模式的示例。

程序代码如下：

```java
package responsibility_chain;
abstract class Handler {                                //抽象处理者
    protected Handler successor;                        //接替者的责任对象，自身类型
    public void setSuccessor(Handler successor) {       //setter，类自身聚合
        this.successor = successor;
    }
    public Handler getSuccessor() {                     //getter
        return successor;
    }
    public abstract void handleRequest();               //处理请求
}
class ConcreteHandlerA extends Handler {                //具体处理者
    @Override
    public void handleRequest() {
        if(getSuccessor()! = null) {                    //如果有接替处理者
            System.out.println("处理者A 放过请求");
            getSuccessor().handleRequest();
        } else {
            System.out.println("处理者A 处理请求");
        }
    }
}
class ConcreteHandlerB extends Handler {                //具体处理者
    @Override
    public void handleRequest() {
        if(getSuccessor()! = null) {
            System.out.println("处理者B 放过请求");
            getSuccessor().handleRequest();
        } else {
            System.out.println("处理者B 处理请求");
```

```java
            }
        }
    }
}
class ConcreteHandlerC extends Handler {              //具体处理者
    @Override
    public void handleRequest() {
        if(getSuccessor()! = null) {
            System.out.println("处理者 C 放过请求");
            getSuccessor().handleRequest();
        } else {
            System.out.println("处理者 C 处理请求");
        }
    }
}
public class Client {                                  //客户端
    public static void main(String[] args) {
        //创建具体处理者
        Handler handler1 = new ConcreteHandlerA();
        Handler handler2 = new ConcreteHandlerB();
        Handler handler3 = new ConcreteHandlerC();
        //设置后继处理者，形成责任链
        handler1.setSuccessor(handler2);
        handler2.setSuccessor(handler3);
        //提交请求
        handler1.handleRequest();
        //handler2.handleRequest();
    }
}
```

处理者A放过请求
处理者B放过请求
处理者C处理请求

图 6.8.2 程序运行结果

程序运行结果，如图 6.8.2 所示。

【例 6.8.2】使用职责链模式处理请假。

主要角色（组长→主任→经理）逐级批准请假而形成一个责任链。在模式原有角色的基础上，增加表示请假天数的请求类 Request 与批假流程的职责链类 DutyChain，但它们并非职责链模式的角色。项目完成后的类文件，如图 6.8.3 所示。

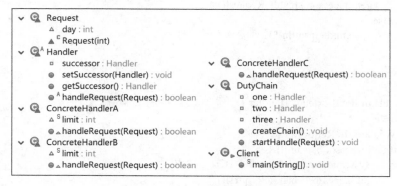

图 6.8.3 项目完成后的类文件

程序代码如下：

```java
package responsibility_chain1;
class Request{                              //请求类：并非职责链模式的角色
    int day;                                //请假天数
    Request(int day){                       //构造方法
        this.day = day;
    }
}
abstract class Handler{                     //抽象处理者
    private Handler successor;              //后续处理者（因成员为自身类型而形成链）
    public void setSuccessor(Handler successor) {
        this.successor = successor;
    }
    public Handler getSuccessor() {
        return successor;
    }
    public abstract boolean handleRequest(Request request);   //是否可以处理
}
class ConcreteHandlerA extends Handler{     //具体处理者
    static int limit = 1;                   //与请求相对应
    @Override
    public boolean handleRequest(Request request) {
        if(request.day< = limit) {
            System.out.println("组长同意。");
            return true;
        }
        return getSuccessor().handleRequest(request);
    }
}
class ConcreteHandlerB extends Handler{
    static int limit = 2;

    @Override
    public boolean handleRequest(Request request) {
        if(request.day< = limit) {
            System.out.println("主任同意。");
            return true;
        }
        return getSuccessor().handleRequest(request);
    }
}
class ConcreteHandlerC extends Handler{
    @Override
    public boolean handleRequest(Request request) {
        System.out.println("经理同意。");
```

```java
            return true;
        }
}
class DutyChain{                                            //职责链:并非职责链模式的角色
    //定义不同的处理者
    private Handler one = new ConcreteHandlerA();
    private Handler two = new ConcreteHandlerB();
    private Handler three = new ConcreteHandlerC();
    public void createChain() {                             //创建职责链
        //定义后继处理者
        one.setSuccessor(two);
        two.setSuccessor(three);
    }
    public void startHandle(Request request) {              //处理请求
        one.handleRequest(request);                         //调用基类方法
    }
}
public class Client {                                       //客户端
    public static void main(String[] args) {
        DutyChain dutyChain = new DutyChain();              //创建一个职责链
        dutyChain.createChain();
        Request request = new Request(2);                   //设置不同的请假天数进行测试
        dutyChain.startHandle(request);                     //开始处理请求
    }
}
```

显然,程序运行结果与请假天数相关。

5. 模式评价

职责链模式的优点如下。
(1) 简化对象的相互连接,降低耦合度;
(2) 增强给对象指派职责的灵活性;
(3) 增加新的请求处理类很方便。

职责链模式的缺点如下。
(1) 不能保证请求一定被接收;
(2) 系统性能会受到一定影响,代码调试不太方便,可能会造成循环调用;
(3) 应避免出现超长职责链,因其性能损失非常大。

6. 模式的使用

在以下情况下可以使用职责链模式。
(1) 有多个对象可以处理同一个请求,具体哪个对象处理该请求由运行时自动确定;
(2) 在不明确指定接收者的情况下,可向多个对象中的一个提交请求;
(3) 可动态指定一组对象的处理请求。

6.8.2 纯的职责链模式和不纯的职责链模式

职责链模式分为纯的职责链模式和不纯的职责链模式两种。

纯的职责链模式要求一个具体处理者对象只能在两个行为中选择一个,即一个是承担责任,另一个是把责任推给下家。不允许出现某一个具体处理者对象在承担了一部分责任后又将责任向下传的情况。不纯的职责链模式允许一个具体处理者对象承担一部分责任后又将责任向下传。

在一个纯的职责链模式中,一个请求最终必须被某一个处理者对象所接收;在一个不纯的职责链模式中,一个请求可以最终不被任何处理者对象所接收。

6.8.3 与状态模式比较

职责链可简化对象的相互连接,它仅需保持一个指向其后继者的引用或指针,而不需要保持其所有的候选接收者。它随时可以增加或修改处理一个请求的结构,灵活地给对象指派职责。

状态模式定义新的子类可以很容易地增加新的状态和转换,把各种状态转移逻辑分布到 State 的子类之间,来减少相互间的依赖,消除庞大的条件分支语句。

职责链模式要比状态模式灵活很多。对于前面使用职责链处理的请假与批假问题,可以改用状态模式,但可能存在的问题是,如果状态模式中任何一个环节缺失,都会无法正常进行下去。

职责链模式与状态模式的最大不同是设置下一级的方式。状态模式是在类的设计阶段就设定好的,不能在客户端改变;而职责链的下一级是由客户端确定的。

职责链模式注重职责的传递,由客户端配置;状态模式注重对象状态的转换,其转换过程对客户端是透明的。

6.9 中介者模式

1. 模式动机

设想飞机与机场调度的情形。如果每架飞机都需要自己查看有没有飞机和自己一起抵达,将会导致飞机场状况的混乱。有了机场调度中心,飞机听从统一安排就可以了。

同样地,如果没有 QQ 服务器,消息在网络中可以用广播发送,每个客户既是客户端,又是服务器端,那就会使客户之间的关系变得异常复杂。有了 QQ 服务器后,张三发给李四的过程是,张三发消息,服务器收到消息,查找李四,转发消息给李四,再通知张三,消息已经送达。

一个软件模块由很多对象构成,而且这些对象之间会存在相互的引用。为了减少对象两两之间复杂的引用关系,使之成为一个松耦合的系统,就需要使用中介者模式,这就是中介者模式的模式动机。

2. 模式定义

中介者模式(Mediator Pattern)指用一个中介对象来封装一系列的对象交互,中介者使各对象不需要显式地相互引用,从而使其耦合松散,而且可以独立地改变它们之间的交互。

中介者模式又称为调停者模式,它是一种对象行为型模式。

3．模式结构及角色分析

中介者模式主要涉及泛化和关联关系,如图 6.9.1 所示。

角色 1:抽象中介者 Mediator。

角色 2:抽象同事类 Colleague,它可关联 Mediator。

角色 3:具体同事类 ConcreteColleague,它作为 Colleague 的子类。

角色 4:具体中介者 ConcreteMediator,它作为 Mediator 的子类,并关联 ConcreteColleague。

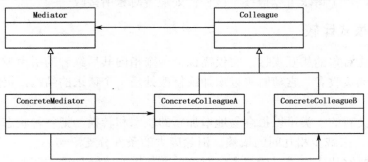

图 6.9.1　中介者模式类图

注意:

(1) 不同的 ConcreteColleague 对象之间不能直接交互,而是通过某个 ConcreteMediator 对象间接完成。

(2) 中介者模式与外观模式一样,也是迪米特法则的典型应用。

4．模式实现

【例 6.9.1】使用中介者模式的示例。

使用中介者模式可以实现同事之间的消息转发。项目完成后的类图,如图 6.9.2 所示。

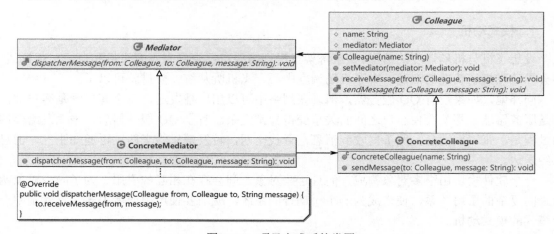

图 6.9.2　项目完成后的类图

程序代码如下：

```java
package mediator;
abstract class Mediator {                                           //抽象中介者
    public abstract void dispatcherMessage(Colleague from, Colleague to, String message);
}
abstract class Colleague {                                          //抽象同事
    protected String name;
    protected Mediator mediator;                                    //Colleague 聚合 Mediator
    public Colleague(String name) {                                 //构造方法
        this.name = name;
    }
    public void setMediator(Mediator mediator) {                    //setter
        this.mediator = mediator;
    }
    public void receiveMessage(Colleague from, String message) {    //普通方法：接收消息
        System.out.println(name +" receive from "+ from.name + ":  " + message);
    }
    public abstract void sendMessage(Colleague to, String message); //声明抽象方法
}
class ConcreteMediator extends Mediator{    //具体中介者，ConcreteMediator 关联 ConcretColleague
    @Override
    public void dispatcherMessage(Colleague from, Colleague to, String message) {
        message = message.replaceAll("××", "*");                    //屏蔽不文明语言
        to.receiveMessage(from, message);
    }
}
class ConcreteColleague extends Colleague{                          //具体同事
    public ConcreteColleague(String name) {                         //构造方法
        super(name);
    }
    @Override
    public void sendMessage(Colleague to, String message) {
        mediator.dispatcherMessage(this, to, message);              //调用中介者的转发消息方法
    }
}
public class Client {                                               //客户端
    public static void main(String[] args) {
        Mediator mediator = new ConcreteMediator();                 //创建一个中介者
        Colleague colleague1,colleague2,colleague3;                 //创建若干会员并注册
        colleague1 = new ConcreteColleague("张三");
        colleague1.setMediator(mediator);
        colleague2 = new ConcreteColleague("李四");
        colleague2.setMediator(mediator);
```

```
            colleague3 = new ConcreteColleague("王五");
            colleague3.setMediator(mediator);
            //会员通过中介者转发消息
            colleague1.sendMessage(colleague2,"李四，你好！");
            colleague2.sendMessage(colleague1,"张三，你好！");
            colleague1.sendMessage(colleague3,"今天天气不错，有××！");
        }
    }
```

程序运行结果，如图 6.9.3 所示。

```
李四 receive from 张三：李四，你好！
张三 receive from 李四：张三，你好！
王五 receive from 张三：今天天气不错，有*！
```

图 6.9.3　程序运行结果

5．模式评价

中介者模式的优点如下。

（1）解耦了各同事之间的关系，并简化了对象之间的交互。

（2）简化各同事类的设计和实现。

（3）减少子类的生成。

中介者模式的缺点如下。

由于在具体中介者类中包含了同事之间的交互细节，可能会导致具体中介者类变得非常复杂，使系统难以维护。

6．模式的使用

在下列情形下，应考虑使用中介者模式。

（1）系统中对象之间存在复杂的引用关系，并且产生的相互依赖关系结构混乱，令人难以理解。

（2）想通过一个中间类来封装多个类中的行为，却又不想生成太多的子类。通过引入中介者类可以实现，在中介者中定义对象交互的公共行为。如果需要改变行为则可以增加新的中介者类。

注意：中介者本身并不产生消息，消息来源于同事类，通过中介者可实现消息的收发。

6.10　访问者模式

1．模式动机

对于系统中的某些对象，它们存储在同一个集合中，且具有不同的类型。对于该集合中的对象，可以接受访问者的对象来访问，不同的访问者其访问方式有所不同。于是访问者模式就是为解决这类问题而诞生的。

在实际使用时，对同一集合对象的操作并不是唯一的，对相同的元素对象可能存在多种不同的操作方式。这些操作方式并不稳定，可能还需要增加新的操作，以满足新的业务需求。

此时，访问者模式就是一个值得考虑的解决方案。

2. 模式定义

访问者模式（Visitor Pattern）指一个作用于某对象结构中各元素的操作，它可以在不改变各元素的类的前提下，定义作用于这些元素的新操作。

访问者模式是一种对象行为型模式。

3. 模式结构及角色分析

访问者模式的结构较复杂，除 Client 外，还有 5 种角色，如图 6.10.1 所示。

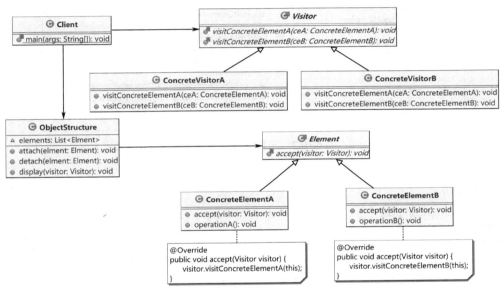

图 6.10.1　访问者模式类图

角色 1：对象结构类 ObjectStructure，它是具体元素类的集合，可存储不同类型的元素（对象）。

角色 2：元素类 Element，它定义了抽象方法 accept(Visitor)，可用于接受访问者的访问。

角色 3：具体元素类 ConcreteElement，它除重写基类的抽象方法 accept(Visitor)外，还可定义普通方法 operation()。

角色 4：访问者类 Visitor，它为 ObjectStructure 的每种具体元素类型定义了相应的抽象访问方法，如 visitConcreteElementA(ConcreteElementA)等。

角色 5：具体访问者类 ConcreteVisitor，它重写了 Visitor 定义的抽象方法。

注意：

（1）抽象类 Visitor 和 Element 相互依赖，Client 分别关联 Visitor 和 ObjectStructure。

（2）同一访问者可以用不同方式访问不同的元素，同一元素可以接受不同的访问者以不同方式访问。

（3）在新增或删除具体访问者类时，不需要修改现有类（Client 除外）就能实现对这些不同类型元素增加新的操作，即系统具有良好的扩展性。

（4）若修改 ObjectStructure，或者说修改新增或删除具体元素类，则需要修改现有系统。

4．模式实现

【例 6.10.1】访问者模式的示例，评委对参赛歌手的评分。

不同歌手对应于不同的具体元素类型，不同的评委对应于具体访问者类型，抽象类 Element 和 Visitor 分别对它们抽象，类 ObjectStructure 是元素的集合。项目完成后的类文件，如图 6.10.2 所示。

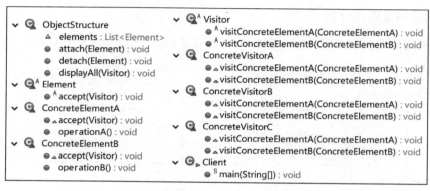

图 6.10.2　项目完成后的类文件

程序代码如下：

```java
package visitor;

import java.util.ArrayList;
import java.util.List;
import java.util.Random;

class ObjectStructure{                              //对象结构表示元素的集合
    List<Element> elements = new ArrayList<Element>();
    public void attach(Element element) {           //增加
        elements.add(element);
    }
    public void detach(Element element) {           //删除
        elements.remove(element);
    }
    public void displayAll(Visitor visitor) {       //每位评委要给所有歌手进行评价
        for(Element element:elements) {             //遍历所有歌手
            element.accept(visitor);                //接受评委的投票结果
        }
    }
}
abstract class Element{                             //元素表示抽象歌手
    public abstract void accept(Visitor visitor);   //抽象方法（投票）
}
class ConcreteElementA extends Element{             //具体元素表示具体歌手
    @Override
    public void accept(Visitor visitor) {           //重写抽象方法
        visitor.visitConcreteElementA(this);        //调用评委对歌手的打分方法
```

```java
        public void operationA() {                      //普通方法
            //System.out.println("歌手 A 最终得分："+(Math.round(85+Math.random()*(100-85))));
            System.out.println("歌手 A 最终得分："+(85+new Random().nextInt(15)));
        }
    }
    class ConcreteElementB extends Element{              //具体元素表示具体歌手
        @Override
        public void accept(Visitor visitor) {            //重写抽象方法
            visitor.visitConcreteElementB(this);         //调用评委对歌手的打分方法
        }
        public void operationB() {                       //普通方法
            System.out.println("歌手 B 最终得分："+(85+new Random().nextInt(15)));
            //System.out.println("歌手 B 最终得分："+(Math.round(85+Math.random()*(100-85))));
        }
    }
    abstract class Visitor{                              //访问者表示评委
        public abstract void visitConcreteElementA(ConcreteElementA man);    //评委给具体歌手投票
        public abstract void visitConcreteElementB(ConcreteElementB woman);  //评委给具体歌手投票
    }
    class ConcreteVisitorA extends Visitor{              //表示具体访问者
        @Override
        public void visitConcreteElementA(ConcreteElementA ceA) {
            System.out.println("评委"+this.hashCode()+"对歌手 A 评分");
            ceA.operationA();                            //调用歌手的普通方法
        }
        @Override
        public void visitConcreteElementB(ConcreteElementB ceB) {
            System.out.println("评委"+this.hashCode()+"对歌手 B 评分");
            ceB.operationB();                            //调用歌手的普通方法
        }
    }
    class ConcreteVisitorB extends Visitor{              //表示具体访问者
        @Override
        public void visitConcreteElementA(ConcreteElementA ceA) {
            System.out.println("评委"+this.hashCode()+"对歌手 A 评分");
            ceA.operationA();                            //调用歌手的普通方法
        }
        @Override
        public void visitConcreteElementB(ConcreteElementB ceB) {
            System.out.println("评委"+this.hashCode()+"对歌手 B 评分");
            ceB.operationB();                            //调用歌手的普通方法
        }
    }
    class ConcreteVisitorC extends Visitor{              //新增评委
        @Override
        public void visitConcreteElementA(ConcreteElementA ceA) {
            System.out.println("新增评委"+this.hashCode()+"对歌手 A 评分");
            ceA.operationA();                            //调用歌手的普通方法
```

```java
        }
        @Override
        public void visitConcreteElementB(ConcreteElementB ceB) {
            System.out.println("新增评委"+this.hashCode()+"对歌手 B 的评分");
            //ceB. operationB();                    //调用歌手的普通方法
            System.out.println("歌手 B 的得分：待定");
        }
    }
public class Client {                              //客户端
    public static void main(String[] args) {
        ObjectStructure objectStructure = new ObjectStructure();    //Client 关联 ObjectStructure
        //ObjectStructure 关联 Element
        Element elementA = new ConcreteElementA();              //创建歌手
        Element elementB = new ConcreteElementB();
        objectStructure.attach(elementA);                       //添加歌手
        objectStructure.attach(elementB);
        Visitor visitor = new ConcreteVisitorA();               //Client 关联 Visitor
        objectStructure.displayAll(visitor);       //显示具体访问者对所有歌手的访问结果
        System.out.println(" ======================= ");
        visitor = new ConcreteVisitorB();
        objectStructure.displayAll(visitor);
        System.out.println("\n === 对于增加新的访问者、出现新的访问结果,
                                            这种扩展不必修改其他类 === ");
        visitor = new ConcreteVisitorC();
        objectStructure.displayAll(visitor);       //此时，需要取消对类 ConcreteVisitorC 的注释
    }
}
```

程序运行结果，如图 6.10.3 所示。

```
评委2018699554对歌手A评分
歌手A最终得分：89
评委2018699554对歌手B评分
歌手B最终得分：85
 =======================
评委118352462对歌手A评分
歌手A最终得分：88
评委118352462对歌手B评分
歌手B最终得分：89

===对于增加新的访问者、出现新的访问结果,这种扩展不必修改其他类===
新增评委1550089733对歌手A评分
歌手A最终得分：96
新增评委1550089733对歌手B的评分
歌手B的得分：待定
```

图 6.10.3　程序运行结果

5. 模式评价

访问者模式的优点如下。

（1）访问者模式使增加新的操作变得很容易。对于一个复杂的结构对象，增加新的操作就是增加一个新的访问者类。

（2）访问者模式将有关的行为集中到一个访问者对象中，而不是分散到不同的结点类。
（3）访问者模式可以跨过几个类的等级结构，访问属于不同等级结构的成员类。

6.11　解释器模式及应用

6.11.1　基础知识：词法分析、语法分析与抽象语法树

1．BNF 范式与文法规则

巴科斯范式又称巴科斯-诺尔形式（Backus-Naur Form，BNF），它是以美国人巴科斯（Backus）和丹麦人诺尔（Naur）的名字命名的一种形式化的语法表示方法，用来描述语法的一种形式体系，是一种典型的元语言。

使用 BNF 范式定义文法规则的实例：

expression :: = value | symbol
symbol :: = expression '+' expression | expression '-' expression
value :: = an integer //一个整数值

在文法规则定义中，可以使用一些符号来表示不同的含义。如使用"|"表示或，使用"{"和"}"表示组合，使用"*"表示出现 0 次或多次等，其中使用频率最高的符号是表示或关系的"|"。

2．词法分析与语法分析

词法分析是读取编写的代码，把它们按照预定的规则合并成一个个的标识 tokens 过程。在词法分析过程中，会移除空白符和注释等。最后，整个代码将被分割到一个 tokens 列表（或者说一维数组）中。词法分析也称为扫描。

语法分析是将词法分析出来的数组转化成树状表达形式过程。语法分析会验证语法，如果语法有错，则会抛出语法错误。

使用解释器模式所涉及的主要步骤，如图 6.11.1 所示。

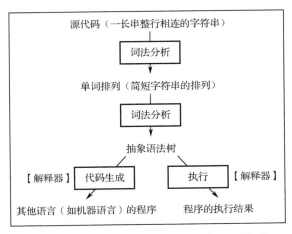

图 6.11.1　使用解释器模式所涉及的主要步骤

3. 抽象语法树及递归计算的算法

除了使用文法规则来定义一个语言，在解释器模式中还可以通过抽象语法树（Abstract Syntax Tree，AST）的图形方式来直观地表示语言的构成，每一棵抽象语法树都对应一个语言实例。AST是源代码语法结构的一种抽象表示，它以树状的形式表现编程语言的语法结构，树上的每个结点都可表示源代码中的一种结构。之所以说语法是"抽象"的，是因为这里的语法并不会表示出真实语法中出现的每个细节。比如，嵌套括号被隐含在树的结构中，并没有以结点的形式呈现。

按照将来需要解释的顺序，优先执行的指令放在树叶的位置，最后执行的指令是树根 root。把单元指令集组成一个树结构就可得到抽象语法树。如计算表达式 10+20−35+3*7+40/2^3 对应的 AST，如图 6.11.2 所示。

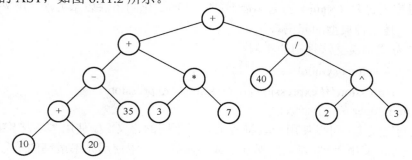

图 6.11.2　一个抽象语法树的示例

注意：

（1）运算符^表示幂运算。

（2）加减运算的优先级比乘除运算低，而幂运算的优先级要比乘除高。

语法树的后序遍历结果是 10 20 + 35 − 3 7 * + 40 2 3 ^ / +，它能很好地表达计算的过程。

抽象语法树描述了如何构成一个复杂的句子，通过对抽象语法树的分析，可以识别出语言中的终结符类（表示运算数结点）和非终结符类（表示运算符结点）。

在解释器模式中，每一种终结符和非终结符都有一个具体类与之对应，正因为使用类来表示每一个语法规则，可使系统具有较好的扩展性和灵活性。

语法树中结点类定义如下：

```java
public class Node {                              //表示二叉树结点，定义二叉树的链式存储结构
    private Expression expression;               //结点数据（抽象类型）
    private Node left;                           //自关联：表示左结点
    private Node right;                          //自关联：表示右结点
    public Node(Expression expression) {         //构造方法
        this.expression = expression;
        left = null;
        right = null;
    }
}
```

构建 AST 是一个递归过程，将运算数和运算符抽象为 Expression，并编写返回类型为 Node 的方法 appendNode(Node root, Expression expression)，其步骤如下：

（1）初始化当前结点 root = null。
（2）首次添加结点时，调用构造方法 Node(Expression expression)实例化 root。
（3）添加操作符结点。

① 如果是首次添加运算符，可新建结点 newRoot，并设置原 root 为其 left，再将 root 刷新为 newRoot。

② 对于非首次添加的运算符，需要比较它和当前结点的优先级。如果是不超过当前结点的优先级，可新建运算符结点并将原 root 作为它的 left，然后刷新 root。反之，在 root 的 right 处递归调用，使原来的运算数结果作为新建运算符结点的 left。

（4）添加运算数结点。如果当前结点 right 为 null，则新建结点并作为 root 的 right。反之，在 root 的 right 处递归调用新建运算数结点。

遍历二叉树的递归算法代码如下：

```
void recursivePostOrder(Node root) {         //后序遍历递归方法
    if (root == null) {                      //递归结束条件
        return;
    }
    recursivePostOrder(root.getLeft());      //递归调用左子树
    recursivePostOrder(root.getRight());     //递归调用右子树
    Expression expression = root.getExpression();  //获取结点表达式
    if(root.getExpression() instanceof NumExpression) {  //运算数结点
        System.out.print(((NumExpression)expression).getValue()+" ");
    }else {  //运算符结点
        System.out.print(((OpExpression)expression).getValue().value+" ");
    }
}
```

6.11.2 解释器模式

1．模式动机

如果在系统中某个特定类型的问题发生的频率很高，就可以考虑将这些问题的实例表述为一个语言中的句子。因此，可以构建一个解释器，通过解释这些句子来解决这些问题。

解释器模式描述了如何构成一个简单的语言解释器，主要应用在使用面向对象语言开发的编译器中。例如，在各种编程语言软件中，必须考虑如何解释一个运算表达式。

2．模式定义

解释器模式（Interpreter Pattern）指定义语言的文法，并建立一个解释器来解释该语言中的句子，这里的"语言"是指使用规定格式和语法的代码，它是一种类行为型模式。

解释器模式描述了如何为简单的语言定义一个文法，并在该语言中表示一个句子，以及如何解释这些句子。

3．模式结构及角色分析

在解释器模式中，终结表达式与非终结表达式都继承了抽象表达式，非终结表达式还同时聚合了抽象表达式，如图 11.1.3 所示。

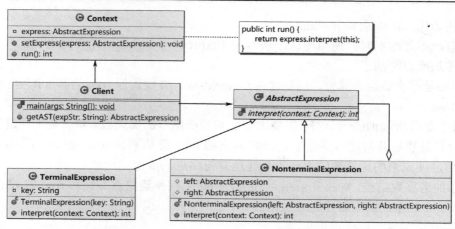

图 6.11.3　解释器模式类图

角色 1：环境类 Context，它封装待解释的表达式（包括变量键值对），并提供通过抽象表达式类 AbstractExpression 对象计算表达式值的方法 run()。

角色 2：抽象表达式 AbstractExpression，它定义了抽象方法 interpret(Context)。

角色 3：终结符表达式 TerminalExpression，它作为 AbstractExpression 的子类。

角色 4：非终结符表达式 NonterminalExpression，它作为 AbstractExpression 的子类。

要点：通过 NonterminalExpression 聚合 AbstractExpression，创建抽象语法树（AST）可存储终结表达式和非终结表达式。

注意：Client 出现在类图里，且分别关联 Context 和 AbstractExpression，即 Client 间接实现了 Context 与 AbstractExpression 的关联，使用解释器方法 interpret(Context)的参数类型可以验证这一点。尽管类 Context 包含 AbstractExpression 类型的成员变量，但为了避免重复，不必再画出它们之间的关联。

4．模式实现

【例 6.11.1】解释器模式的示例，计算 5+10+9+8 = 32（没有优先级）。

AST 是单元指令集组成一个树状结构，没有优先级（为计算加法表达式）。项目完成后的类文件，如图 6.11.4 所示。

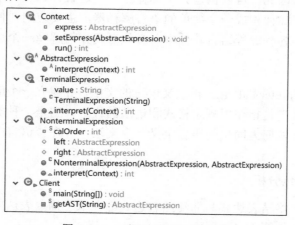

图 6.11.4　项目完成后的类文件

程序代码如下：

```java
package interpreter;
import java.io.BufferedReader;
import java.io.IOException;
import java.io.InputStreamReader;
import java.util.ArrayList;
import java.util.List;
import java.util.Stack;                              //栈
class Context{                                       //环境类 Context
    private AbstractExpression express;              //待解释表达式对应的对象
    public void setExpress(AbstractExpression express) {
        this.express = express;
    }
    public int run() {
        return express.interpret(this);
    }
}
abstract class AbstractExpression{                   //抽象表达式 AbstractExpression
    public abstract int interpret(Context context);  //解释方法
}
class TerminalExpression extends AbstractExpression{ //终结符表达式 TerminalExpression
    private String value;
    public TerminalExpression(String value) {        //构造器
        this. value = value;
    }
    @Override
    public int interpret(Context context) {          //实现抽象方法
        return Integer.parseInt(value);              //返回变量名的值
    }
}
class NonterminalExpression extends AbstractExpression{  //非终结符表达式 NonterminalExpression
    private static int calOrder = 0;                 //计算序号，测试用
    protected AbstractExpression left;
    protected AbstractExpression right;
    public NonterminalExpression(AbstractExpression left, AbstractExpression right) {  //构造方法
        this.left = left;
        this.right = right;
    }
    @Override
    public int interpret(Context context) {
        calOrder++; System.out.println("经过第"+calOrder+"次递归计算");   //测试
        return left.interpret(context)+right.interpret(context);        //加法；递归调用
    }
```

```java
}
public class Client {                                           //客户端
    public static void main(String[] args) throws IOException {
        System.out.print("请输入计算表达式：");
        String expStr = (new BufferedReader(new InputStreamReader(System.in))).readLine();
        Context context = new Context();                        //Client 关联 Context
        AbstractExpression express = getAST(expStr);            //Client 关联 AbstractExpression
        context.setExpress(express);
        System.out.println("运算结果："+expStr+" = "+context.run());    //计算并输出
    }
    private static AbstractExpression getAST(String expStr) {   //创建抽象语法树 AST
        Stack<AbstractExpression> stack = new Stack<>();        //创建栈对象
        //分离出运算数；+是 Java 正则处理的特殊字符，因此，需要使用转义符
        String[] strings = expStr.split("\\+");
        List<String> list = new ArrayList<String>();
        for(String string : strings) {
            list.add(string);
            list.add("+");
        }
        list.remove(list.size()-1);                             //去掉最后一个加号
        AbstractExpression left = null;
        AbstractExpression right = null;
        for(int i = 0;i<list.size();i++) {                      //构建抽象语法树 AST
            switch (list.get(i)) {
            case "+":                                           //假定只做加法
                left = stack.pop();                             //直接弹出（因为没有优先级）
                right = new TerminalExpression(list.get(++i));
                //创建 NonterminalExpression 对象并压栈
                stack.push(new NonterminalExpression(left, right));
                break;
            default:
                //创建 TerminalExpression 对象并压栈
                stack.push(new TerminalExpression(list.get(i)));
                break;
            }
        }
        //当遍历了 list 集合后，stack 栈顶元素就表示了运算表达式
        return stack.pop();                                     //AbstractExpression 类型
    }
}
```

程序运行时，输入 5+10+9+8 后得到的结果，如图 6.11.5 所示。

在 main()方法输出运行结果前设置断点，以 Debug 方式运行程序，输入 5+10+9+8 后，可以查看与表达式对应的非终结表达式对象的嵌套结构，如图 6.11.6 所示。

第 6 章　行为型设计模式

```
请输入计算表达式：5+10+9+8
经过第1次递归计算
经过第2次递归计算
经过第3次递归计算
运算结果：5+10+9+8=32
```

图 6.11.5　程序运行结果

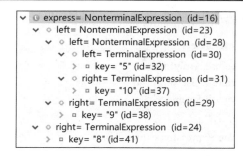

图 6.11.6　与表达式对应的非终结表达式对象的嵌套结构

5．模式评价

解释器模式具有易于改变和扩展文法，以及易于实现文法的优点，但对于复杂文法则难以维护。

在实际项目开发中，如果需要解析数学公式，无须再运用解释器模式进行设计，可以直接使用一些第三方解析工具包 MEP，如 Expression4J、JbcParser 和 MESP 等，它们可以方便地解释一些较为复杂的文法，其功能强大，使用简单且效率较高。

6.11.3　模式的应用

编译原理课程主要介绍编译器设计与实现的主要理论和技术，内容包括词法分析、语法分析、语义分析、中间代码生成、代码优化、目标代码生成等。其中，解析、计算含有优先级的表达式是一个重点内容。

【例 6.11.2】解释器模式应用的示例，计算含有优先级的四则运算表达式的值。

使用枚举 Op 表示 4 种运算符，枚举 Prioirty 表示运算符的优先级。使用类 Node 表示二叉树的结点，聚合抽象类 Express，并含有指向自身类型的成员 left 和 right（指针）。类 Context 提供了从表达式生成 AST 的构造方法。项目完成后的类文件，如图 6.11.7 所示。

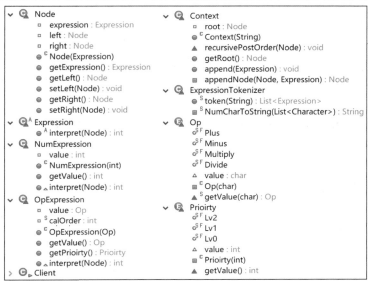

图 6.11.7　项目完成后的类文件

程序代码如下：

```java
package interpreter1;
import java.util.ArrayList;
import java.util.List;
import java.util.Scanner;
class Node {                                        //表示二叉树的结点，是一种数据结构
    private Expression expression;                  //结点数据（抽象类型）
    private Node left;                              //自身类型（左指针）；左结点
    private Node right;                             //自身类型（右指针）；右结点
    public Node(Expression expression) {            //构造方法
        this.expression = expression;
        left = null;
        right = null;
    }
    public Expression getExpression() {             //getter
        return expression;
    }
    public Node getLeft() {
        return left;
    }
    public void setLeft(Node left) {
        this.left = left;
    }
    public Node getRight() {
        return right;
    }
    public void setRight(Node right) {
        this.right = right;
    }
}
abstract class Expression{                          //抽象表达式 Expression，它表示 AST 结点数据
    abstract public int interpret(Node root);       //解析方法；参数为二叉树的根结点；返回值类型为 int
}
class NumExpression extends Expression{             //终结符表达式，它表示数值数据；继承抽象类
    private int value;
    public NumExpression(int value){
        this.value = value;
    }
    public int getValue() {
        return value;
    }
    @Override
    public int interpret(Node root){                //解析终结表达式（运算数结点）
```

```java
        return ((NumExpression)(root.getExpression())).getValue();   //取属性；类型强转；取属性值
    }
}
class OpExpression extends Expression{    //非终结符表达式，它表示运算符，需考虑运算优先级
    private Op value;                      //类属性为枚举 Op 类型
    private static int calOrder = 0;       //计算序号，测试时使用
    public OpExpression(Op value){         //构造器
        this.value = value;
    }
    public Op getValue() {
        return value;
    }
    public Prioirty getPrioirty() {        //返回枚举成员对应的优先级
        switch(value) {
        case Plus:
        case Minus:
            return Prioirty.Lv1;
        case Multiply:
        case Divide:
            return Prioirty.Lv2;
        default:
            return Prioirty.Lv0;
        }
    }
    @Override
    public int interpret(Node root){       //解析非终结表达式（运算符结点）
        int lvalue, rvalue;
        if(root.getLeft() == null)
            lvalue = 0;
        else   //解析器方法递归计算左结点数据
            lvalue = ((Expression)root.getLeft().getExpression()).interpret(root.getLeft());
        if(root.getRight() == null)
            rvalue = 0;
        else   //解析器方法递归计算右结点数据
            rvalue = ((Expression)root.getRight().getExpression()).interpret(root.getRight());
        switch(((OpExpression) root.getExpression()).getValue()) {   //根据运算符得到相应的返回值
            case Plus:
                calOrder++;
                System.out.println("第"+calOrder+"次计算："+lvalue+"+"+rvalue+
                                                        " = "+(lvalue+rvalue));  //测试
                return lvalue + rvalue;
            case Minus:
                calOrder++;
                System.out.println("第"+calOrder+"次计算："+lvalue+"-"+rvalue+
                                                        " = "+(lvalue-rvalue));  //测试
                return lvalue-rvalue;
```

```java
            case Multiply:
                calOrder++;
                System.out.println("第"+calOrder+"次计算："+lvalue+"*"+rvalue+
                                            " = "+(lvalue*rvalue)); //测试
                return lvalue * rvalue;
            case Divide:
                calOrder++;
                System.out.println("第"+calOrder+"次计算："+lvalue+"/"+rvalue+
                                            " = "+(lvalue/rvalue)); //测试
                return lvalue / rvalue;
            default:
                return 0;
        }
    }
}
class Context {                              //环境类 Context，它构建语法树（存放抽象表达式数据）
    private Node root;                       //语法树根结点
    public Context(String exp) {             //有参构造方法，先切分字符串，后形成语法树
        List<Expression> expressions = ExpressionTokenizer.token(exp);
        for(Expression e:expressions) {
            append(e);                                      //添加表达式结点至抽象语法树 AST
        }
        System.out.print("测试 AST 后序遍历结果：");
        recursivePostOrder(root);                           //调用后序遍历方法
        System.out.println();
    }
    void recursivePostOrder(Node root) {                    //后序遍历递归方法
        if(root == null) {                                  //递归结束条件
            return;
        }
        recursivePostOrder(root.getLeft());                 //递归调用左子树
        recursivePostOrder(root.getRight());                //递归调用右子树
        Expression expression = root.getExpression();       //获得结点表达式
        if(root.getExpression() instanceof NumExpression) { //运算数结点
            System.out.print(((NumExpression)expression).getValue()+"   ");
        }else {                                             //运算符结点
            System.out.print(((OpExpression)expression).getValue().value+"   ");
        }
    }
    public Node getRoot(){                                  //获取根结点
        return root;
    }
    public void append(Expression expression){              //添加表达式结点
        root = appendNode(root,expression);                 //构建 AST，返回根结点
    }
    private Node appendNode (Node root, Expression expression){   //在 root 处添加结点并返回
```

```java
            if(root == null) {
                return new Node(expression);   //首次添加结点（操作数，叶子结点）并作为 root
            }
            if(expression instanceof OpExpression) {           //添加运算符结点
                if(root.getExpression() instanceof NumExpression){   //仅首次添加运算符
                    Node newRoot = new Node(expression);        //新建结点
                    newRoot.setLeft(root);
                    return newRoot;    //刷新结点，并将先前 root 作为当前 root 的 left
                }else{   //非首次添加运算符，需要考虑优先级
                    OpExpression opExpression1 = (OpExpression)expression;    //拟新增结点数据
                    OpExpression opExpression2 = (OpExpression)root.getExpression();   //当前结点数据
                    //若新的运算符优先级不超过当前结点，则将新建运算符结点
                    //                                     并将原 root 作为它的 left，最后刷新 root
                    if(opExpression1.getPrioirty().getValue() <= opExpression2.getPrioirty().getValue()){
                        Node newRoot = new Node(opExpression1);
                        newRoot.setLeft(root);
                        return newRoot; //刷新 root
                    }else{   //新的运算符优先级高于当前根结点时
                        //在当前结点的 right 处新建结点，并将其设置为 root 的 right
                        Node node = appendNode(root.getRight(),expression);   //递归调用
                        root.setRight(node);
                        return root;
                    }
                }
            }else{                                           //添加运算数，添加叶子结点
                if(root.getRight() == null) {                //如果右子树为空
                    Node newNode = new Node(expression);
                    root.setRight(newNode);
                    return root;
                } else {   //如果右子树不为空（在添加了较高优先级的运算符时）
                    appendNode(root.getRight(),expression);   //递归调用
                    return root;
                }
            }
        }
    }
}
class ExpressionTokenizer {   //表达式切分者工具类：将字符串切分为 Expression 序列
    public static List<Expression> token(String value) {          //切分方法
        List<Expression> list = new ArrayList<Expression>();      //存放整个表达式
        List<Character> buff = new ArrayList<>();   //临时存放运算数对应的数字字符序列
        for(int i = 0; i<value.length();i++){
            char ch = value.charAt(i);
            if(ch> = '0' && ch< = '9'){                           //数字
                buff.add(ch);
            }else{   //运算符
                if(buff.size()>0) {   //遇到运算符时，需要将 buff 中存放的数字字符序列作为运算数
                    int num = Integer.parseInt(NumCharToString(buff));
```

```java
                        //System.out.println(num);                    //测试
                        Expression expression1 = new NumExpression(num);
                        list.add(expression1);                        //先添加数据
                        buff.clear();
                    }
                    OpExpression expression2 = new OpExpression(Op.getValue(ch));
                    list.add(expression2);                            //后添加运算符
                    //System.out.println(ch);                         //测试
                }
            }
            if(buff.size()>0) {                                       //需要处理最后一个运算数
                int num = Integer.parseInt(NumCharToString(buff));
                //System.out.println(num);                            //测试
                Expression Expression = new NumExpression(num);
                list.add(Expression);
                buff.clear();
            }
            return list;
        }
        private static String NumCharToString(List<Character> list) { //组合运算数的数字系列形成字符串
            StringBuilder builder = new StringBuilder(list.size());
            for(Character ch:list) {
                builder.append(ch);
            }
            return builder.toString();
        }
    }
    enum Op{                                                          //定义运算符枚举类型
        Plus('+'),Minus('-'),Multiply('*'),Divide('/');               //枚举成员
        char value;
        private Op(char value) {                                      //有参构造方法
            this.value = value;
        }
        static Op getValue(char ch) {    //根据四则运算符得到枚举类型的枚举成员;静态方法
            switch (ch) {
            case '+':
                return Plus;
            case '-':
                return Minus;
            case '*':
                return Multiply;
            case '/':
                return Divide;
            default:
                return null;
            }
        }
    }
```

```java
    }
    enum Prioirty{                                    //定义优先级枚举类型
        Lv2(2), Lv1(1), Lv0(0);
        int value;
        private Prioirty(int value) {                 //有参构造方法
            this.value = value;
        }
        int getValue() {                              //获取枚举成员对应的枚举值【无参，返回 int 类型】
            return value;
        }
    }
public class Client {                                 //客户端，同时关联于 Expression 和 Context
    public static void main(String[] args) throws Exception {
        System.out.print("请输入要计算的四则运算表达式：");
        Scanner scanner = new Scanner(System.in);
        String exp = scanner.nextLine();
        scanner.close();
        //String exp = (new BufferedReader(new InputStreamReader(System.in))).readLine();
        Context context = new Context(exp);           //构建语法树；体现 Client 对 Context 的关联
        Expression rootExpression = context.getRoot().getExpression();   //获取根结点数据
        int result = rootExpression.interpret(context.getRoot());        //解释语法树，参数为根结点
        System.out.println("计算结果："+result);
    }
}
```

程序运行时，输入 10+20-30/3+40*2 后得到的结果，如图 6.11.8 所示。

```
请输入要计算的四则运算表达式：10+20-30/3+40*2
测试AST后序遍历结果：10 20 + 30 3 / - 40 2 * +
第1次计算：10+20=30
第2次计算：30/3=10
第3次计算：30-10=20
第4次计算：40*2=80
第5次计算：20+80=100
计算结果：100
```

图 6.11.8　程序运行结果

注意：

（1）方法 appendNode (Node root, Expression expression) 体现了含有优先级运算表达式的 AST 的构建过程。

（2）增加优先级相同或更高的运算符，只需要简单地修改枚举类，而不必修改其他类。

【例 6.11.3】解释器模式应用的示例，四则算术运算的另一种实现。

定义抽象类 AbstractExpression 的一个抽象实现类 NonterminalExpression，再分别定义对应于加、减、乘、除四则运算的 4 个子类 AddNonterminalExpression、SubNonterminalExpression、MulNonterminalExpression 和 DivNonterminalExpression。

上下文类 Context 定义了抽象类型 AbstractExpression 的属性 treeRoot 来表示 AST 的根结点，构造方法 Context(String expStr)通过运算符分离运算数和运算符后，分别保存至数组和队列，通过建立表示结点的栈 Stack<AbstractExpression>和表示运算符的栈 Stack<String>来实现 AST 的构建。

项目完成后的类文件，如图 6.11.9 所示。

```
  Context
      treeRoot : AbstractExpression
      getTreeRoot() : AbstractExpression
      Context(String)
      getPriority(String) : int
      abstractCalculate(AbstractExpression, AbstractExpression, String) : AbstractExpression
  AbstractExpression
      interpret() : int
  TerminalExpression
      num : String
      TerminalExpression(String)
      interpret() : int
  NonterminalExpression
      left : AbstractExpression
      right : AbstractExpression
      NonterminalExpression(AbstractExpression, AbstractExpression)
  AddNonterminalExpression
      AddNonterminalExpression(AbstractExpression, AbstractExpression)
      interpret() : int
  SubNonterminalExpression
      SubNonterminalExpression(AbstractExpression, AbstractExpression)
      interpret() : int
  MulNonterminalExpression
      MulNonterminalExpression(AbstractExpression, AbstractExpression)
      interpret() : int
  DivNonterminalExpression
      DivNonterminalExpression(AbstractExpression, AbstractExpression)
      interpret() : int
  Client
      main(String[]) : void
```

图 6.11.9　项目完成后的类文件

程序代码如下：

```java
package interpreter2;

import java.io.BufferedReader;
import java.io.InputStreamReader;
import java.util.ArrayList;
import java.util.Arrays;
import java.util.LinkedList;
import java.util.List;
import java.util.Queue;
import java.util.Stack;

class Context{                                                    //环境类 Context
    private AbstractExpression treeRoot;                          //表达式语法树的根
    public AbstractExpression getTreeRoot() {                     //getter
        return treeRoot;
    }
    public Context(String expStr) throws Exception{               //有参构造方式；构建 AST
        //分离出数据；+和*是 Java 正则处理的特殊字符，因此，需要使用转义符
        String[] nums = expStr.split("\\+|-|\\*|/");              //必须使用或运算符|，而不能是||
        System.out.println("测试参加运算的整数："+Arrays.toString(nums));
        Queue<String> opQueue = new LinkedList<String>();         //创建存取运算符队列
        for(int i = 0;i<expStr.length();i++) {                    //从运算表达式里获取运算符
            String temp = expStr.substring(i,i+1);                //获取一个字符
            if(temp.equals("+")||temp.equals("-")||temp.equals("*")||temp.equals("/")){
                opQueue.add(temp);                                //加到队列 opQueue 中
```

```java
            }
            System.out.println("测试参加运算的运算符队列："+opQueue);    //先进先出
            List<String> elementList = new ArrayList<String>();          //创建表达式元素列表
            for(String string : nums) {
                elementList.add(string);
                if(!opQueue.isEmpty()) {
                    elementList.add(opQueue.poll());                      //从列取出，并添加至列表
                }
            }
            System.out.println("测试表达式元素列表："+elementList);
            //根据表达式元素及运算符的优先级生成 AST
            Stack<AbstractExpression> nodeStack = new Stack<>();          //创建结点栈存放抽象表达式
            Stack<String> opStack = new Stack<>();                        //创建操作符栈
            //初始栈顶元素为 null，设定级别为 0，作为遍历过程正常结束的标志
            opStack.push(null);   //null 对应的运算优先级为 0；+-优先级为 1；*/优先级为 2
            for(String str:elementList) {                                 //优先级高的位于叶子结点处
                if("+".equals(str)||"-".equals(str)||"*".equals(str)||"/".equals(str)) {
                    //遇到运算符时，需要与 opStack 栈顶元素进行比较
                    while(getPriority(str)<= getPriority(opStack.peek())) { //peek()是获取栈顶元素
                        AbstractExpression right = nodeStack.pop();
                        AbstractExpression left = nodeStack.pop();
                        String op = opStack.pop();                        //出栈操作改变栈顶元素（优先级）
                        nodeStack.push(abstractCalculate(left,right,op)); //将运算结果压入数据栈
                    }
                    opStack.push(str);                                    //入栈
                }else {
                    //遇到操作数时，创建终结表达式并压入 nodeStack 栈
                    nodeStack.push(new TerminalExpression(str));
                }
            }
            //遍历结束后，符号栈只有两个元素，其中位于栈底的 null 用于结束解释
            while(opStack.peek()!= null) {
                AbstractExpression right = nodeStack.pop();
                AbstractExpression left = nodeStack.pop();
                nodeStack.push(abstractCalculate(left,right,opStack.pop())); //递归计算
            }
            treeRoot = nodeStack.pop();  //通过 Debug 调试，可以查看其嵌套结构（就是一个 AST）
        }
        private int getPriority(String s) {                               //获取优先级
            if(s == null) {                                               //特殊元素（opStack 初始栈顶为 null）
                return 0;                                                 //设定优先级
            }
            switch(s){
                case "+":;
```

```java
                    case "-":
                        return 1;                                    //设定优先级
                    case "*":;
                    case "/":
                        return 2;                                    //设定优先级
                    default:
                        return 0;
                }
            }
            private AbstractExpression abstractCalculate(AbstractExpression left, AbstractExpression right,
                                                                        String op) throws Exception {
                switch(op){
                    case "+":
                        return new AddNonterminalExpression(left, right);   //加法
                    case "-":
                        return new SubNonterminalExpression(left, right);   //减法
                    case "*":
                        return new MulNonterminalExpression(left, right);   //乘法
                    case "/":
                        return new DivNonterminalExpression(left, right);   //除法
                    default:
                        throw new Exception("illegal operator!");
                }
            }
        }
        abstract class AbstractExpression{                              //抽象表达式
            public abstract int interpret();                            //解释
        }
        class TerminalExpression extends AbstractExpression{            //终结符表达式
            private String num;                                         //单个变量表达式
            public TerminalExpression(String num){                      //构造器
                this.num = num;
            }
            @Override
            public int interpret(){                                     //实现抽象方法
                return Integer.parseInt(num);                           //返回变量名的值
            }
        }
        abstract class NonterminalExpression extends AbstractExpression{ //非终结符表达式
            protected AbstractExpression left;
            protected AbstractExpression right;
            public NonterminalExpression(AbstractExpression left, AbstractExpression right) { //构造方法
                this.left = left;
```

```java
        this.right = right;
    }
    //抽象类 NonterminalExpression 继承抽象类 AbstractExpression，不必重写父类的抽象方法
}
class AddNonterminalExpression extends NonterminalExpression{  //加法解析器
    public AddNonterminalExpression(AbstractExpression left, AbstractExpression right){    //构造器
        super(left, right);                                     //调用父类构造方法
    }
    @Override
    public int interpret() {                                    //加法实现
        int leftValue = super.left.interpret();                 //方法 interpret()递归调用
        int rightValue = super.right.interpret();               //方法 interpret()递归调用
        System.out.println("加法计算："+leftValue+"+"+rightValue+" = "+(leftValue+rightValue));//测试
        return leftValue+rightValue;
    }
}

class SubNonterminalExpression extends NonterminalExpression{   //减法实现
    public SubNonterminalExpression(AbstractExpression left, AbstractExpression right) {   //构造器
        super(left, right);
    }
    @Override
    public int interpret() {
        int leftValue = super.left.interpret();                 //方法 interpret()递归调用
        int rightValue = super.right.interpret();               //方法 interpret()递归调用
        System.out.println("减法计算："+leftValue+"-"+rightValue+" = "+(leftValue-rightValue));//测试
        return leftValue-rightValue;
    }
}

class MulNonterminalExpression extends NonterminalExpression{   //乘法实现
    public MulNonterminalExpression(AbstractExpression left, AbstractExpression right) {   //构造器
        super(left, right);
    }
    @Override
    public int interpret() {
        int leftValue = super.left.interpret();                 //方法 interpret()递归调用
        int rightValue = super.right.interpret();               //方法 interpret()递归调用
        System.out.println("乘法计算："+leftValue+"*"+rightValue+" = "+(leftValue*rightValue));//测试
        return leftValue*rightValue;
    }
}
class DivNonterminalExpression extends NonterminalExpression{   //除法实现
    public DivNonterminalExpression(AbstractExpression left, AbstractExpression right) {   //构造器
        super(left, right);
```

```java
        }
        @Override
        public int interpret() {
            int leftValue = super.left.interpret();           //方法 interpret()递归调用
            int rightValue = super.right.interpret();         //方法 interpret()递归调用
            System.out.println("除法计算: "+leftValue+"/"+rightValue+" = "+(leftValue/rightValue));//测试
            return leftValue/rightValue;
        }
    }
    public class Client {                                     //客户端
        public static void main(String[] args) throws NumberFormatException, Exception {
            System.out.print("请输入要计算的四则运算表达式：");
            String expStr = (new BufferedReader(new InputStreamReader(System.in))).readLine();
            Context context = new Context(expStr);
            AbstractExpression treeRoot = context.getTreeRoot();   //获取抽象语法树 AST 根
            System.out.println("运算结果："+expStr+" = "+treeRoot.interpret());   //计算并输出
        }
    }
```

程序运行时，输入 10+24/3-4*5+6 后得到的结果，如图 6.11.10 所示。

```
请输入要计算的四则运算表达式：10+24/3-4*5+6
测试参加运算的整数：[10, 24, 3, 4, 5, 6]
测试参加运算的运算符队列：[+, /, -, *, +]
测试表达式元素列表：[10, +, 24, /, 3, -, 4, *, 5, +, 6]
除法计算：24/3=8
加法计算：10+8=18
乘法计算：4*5=20
减法计算：18-20=-2
加法计算：-2+6=4
运算结果：10+24/3-4*5+6=4
```

图 6.11.10　程序运行结果

注意：

（1）增加优先级相同或更高的运算符时，不仅需要增加相应于 NonterminalExpression 的子类，还要同时修改类 Context 的方法 Context(String expStr)、方法 getPriority(String s)和方法 abstractCalculate(AbstractExpression left, AbstractExpression right, String op)的代码。

（2）由于解释器模式可方便类的扩展，因此，它属于类行为型模式。

习　　题

一、判断题

1. GoF 提出的 11 种行为型模式中，多数属于类行为型模式。
2. 在模板方法模式中，抽象类里定义的模板方法 templateMethod() 是抽象方法。
3. 备忘录模式可以用来实现撤销、重做，而命令模式则不能用来实现撤销、重做。
4. 状态模式与享元模式一样，都能节省内存空间。
5. 职责链上的各个处理者只能是一条直线的形式。它不可能形成一棵树，或者一个环。换句话说，每个处理者的后继最多只有 1 个。
6. 在不纯的职责链模式中，允许出现某一个具体处理者对象在承担了一部分责任后又将责任向下传的情况。
7. 中介者模式体现了迪米特法则的应用。
8. 迭代器模式是单一职责原则的完美体现。
9. 职责链模式与单例类模式都使用了自关联。

二、单选题

1. 在一款飞行驾驶模拟软件中，用户可以选择不同类型的飞机（如战斗机、民航客机）进行操作。不同类型的飞机尽管有差异，但是飞行的过程都是大体相同的：第一步，起飞；第二步，在空中飞行；第三步，降落。采用____模式可以抽象出相同的飞行过程。
   A．模板方法　　　　　　　　B．装饰
   C．桥接　　　　　　　　　　D．简单工厂

2. 在应用软件的开发过程中，为了允许用户使用撤销操作或从错误中恢复过来，需要事先将状态保存到某个外部对象中，应采用____模式。
   A．命令　　　　　　　　　　B．备忘录
   C．状态　　　　　　　　　　D．中介者

3. Java 增强型 for 循环的底层实现使用了____设计模式。
   A．适配器　　　　　　　　　B．组合
   C．装饰　　　　　　　　　　D．迭代器

4. 捕获异常是为了进行处理，不能捕获了却什么也不处理就抛弃它。如果不想处理它，应将该异常抛给上层调用者。最外层的业务处理者必须处理异常，并将其转化为用户可以理解的内容。这里用到了____模式。
   A．职责链　　　　　　　　　B．迭代器
   C．享元　　　　　　　　　　D．桥接

5. 业务逻辑层（Service）不要直接访问数据源（Database），而应该通过数据持久层（Data Access Object，DAO 层）作为中介来访问数据源。这样做的优点是解除了业务逻辑层和数据源的耦合，当数据源变化时，业务逻辑层可以不做修改。该操作可以采用____模式实现。
   A．策略　　　　　　　　　　B．中介者
   C．解释器　　　　　　　　　D．模板方法

6. 某银行的管理系统中，个人用户可以到银行办理存/取款业务。系统开发完毕后，随着社会经济的发展，有客户要办理商业贷款（如购房贷款）时，可建立处理者类的职责链，第一个类用于处理存/取款业务。如果是商业贷款业务，则交给后面的类处理。这里用到了____模式。

    A．原型   B．代理
    C．装饰   D．职责链

7. 设计软件系统时，有专门设计负责操作数据库的模块，其他模块都通过这个模块来操作数据库，这称之为____模式。

    A．备忘录   B．模板方法
    C．中介者   D．策略

8. 一个聚合对象，如一个列表（List）或者一个集合（Set），应该提供一种方法来让别人可以访问其元素，而又不需要暴露它的内部结构。针对不同的需要，可能还要以不同的方式遍历整个聚合对象。此时可以采用____模式。

    A．享元   B．命令
    C．迭代器   D．访问者

9. 某商务网站当商品价格下降时，会自动向注册用户发送消息，使用户做出响应。此时可以采用____模式。

    A．策略   B．观察者
    C．解释器   D．命令

10. 对于系统中的某些对象，它们存储在同一个集合中，且具有不同的类型。对于该集合中的对象，可以接受访问者的对象来访问，而且不同的访问者其访问方式有所不同。此时可以采用____模式。

    A．模板方法   B．适配器
    C．命令   D．访问者

11. 在应用软件的开发过程中，有必要记录一个对象的内部状态。为了允许用户取消不确定的操作或从错误中恢复过来，需要实现备份点和撤销机制，而要实现这些机制，必须先将状态信息保存在某处，这样状态才能将对象恢复到它们原先的状态。这是____模式。

    A．观察者   B．备忘录
    C．解释器   D．迭代器

12. 某软件系统中的某个子模块需要为其他模块提供访问不同数据库系统（Access、SQL Server、Oracle）的功能。访问这些数据库的过程是相同的：先连接数据库，再打开数据库，对数据进行查询，最后关闭连接。____模式可以抽象出相同的数据库访问过程。

    A．模板方法   B．命令
    C．访问者   D．迭代器

13. 某软件公司为某电影院开发了一套影院售票系统，在该系统中需要为不同类型的用户提供不同的电影票打折方式，具体打折方案如下：(1)学生凭学生证可享受票价八折优惠；(2)年龄在 10 周岁及以下的儿童可享受每张票减免 10 元的优惠（原始票价需大于或等于 20 元）；(3) 影院 VIP 用户除享受票价半价优惠外还可进行积分，积分累计到一定额度时可换取电影院赠送的奖品。该系统在将来可能还要根据需要引入新的打折方式。希望定义一些独立的类

来封装不同的打折算法，每一个类封装一种具体的打折算法，可以采用____模式。

A．策略　　　　　　　　　　B．解释器
C．桥接　　　　　　　　　　D．模板方法

14．某团队战斗游戏中，团队成员牺牲时，将自动给所有队友发出提示信息，使队友相应地做出调整和反应。这里可以采用____模式。

A．桥接　　　　　　　　　　B．状态
C．模板方法　　　　　　　　D．观察者

三、填空题

1．中介者模式是_____（面向对象设计原则之一）的具体实现。

2．外观模式是_____（面向对象设计原则之一）的具体实现。

3．一个网络在线下棋软件有自主下棋和托管两种状态。自主下棋状态中，玩家可以下棋。托管状态中，可由计算机代替玩家下棋。两种状态可以相互切换，这里可以采用_____模式进行设计。

4．在求解组合优化问题（如背包问题）时，将遗传算法、模拟退火算法、回溯算法等多种算法都实现了，并封装在不同的算法子类中，客户端可根据需要灵活选择一种或几种。这是_____模式。

5．某图书馆的管理系统中管理着两种类型的文献：书籍和期刊。对文献的操作有复印、借出和归还。后期还可能增加新的文献类型（如报纸）和新的文献操作类型。此时可采用_____模式实现。

6．微信群中当某位用户发出通知时，其他用户都会看到并进行响应，这里采用的是_____模式。

7．对于用户向服务器请求传入的参数应该做有效性验证，并分析其中是否包含恶意代码、防止 SQL 注入。对参数的词法分析、语法分析用到了_____模式。

8．一篇论文有多种状态："已投稿"、"正在评审"、"已退稿"和"已将修改意见返回给作者"。不同具体状态类可实现不同状态的行为，包括各种状态之间的转换，可以用_____模式来实现。

9．在发布-订阅（Publish-Subscribe）消息模型中，订阅者订阅一个主题后，当该主题有新消息时，所有订阅者都会收到通知。_____模式最适合这个模型。

10．考虑一个银行系统，一个账户对象的状态处于若干个不同状态之一：开户状态、正常状态、透支状态、冻结状态。当客户在对账户进行存取款操作时，账户类应根据自身的当前状态做出不同的反应，同时进行对象状态的切换。例如，如果账户处于冻结状态就没有办法再进行取款操作，一个取款操作需要先了解账户对象的状态。这里可以采用_____模式进行设计。

11．宏命令是命令模式和_____模式联用的产物。

12．属于行为型且子类聚合抽象父类的设计模式是_____模式。

四、多选题

1．关于命令模式，以下叙述中正确的是_____。

  A. Client 不能调用 Command 类的 execute()方法
  B. Client 不能调用 Receiver 类的 action()方法
  C. Invoker 类负责维护一个命令队列，以实现撤销和恢复
  D. 命令模式可以降低系统的耦合度，便于增加新的 Command 子类
  E. Invoker 类调用 Command 类的 execute()方法，execute()方法嵌套调用 Receiver 类的 action()方法

2. 关于状态模式，以下叙述中正确的是_____。
  A. 环境类 Context 中可以设定初始状态
  B. 环境类 Context 的构造方法的参数可以是某种状态（State）
  C. 环境类 Context 可以用 setter/getter 来设定和获取状态
  D. 状态类自身不能负责状态改变，必须由环境类 Context 负责状态改变
  E. ConcreteStateA 类的 handle()方法中可以 new 其他状态类（如 ConcreteStateB）的对象，以实现状态转换

3. 在 GoF 的 23 种设计模式中，属于类行为型模式的是_____。
  A. 策略模式
  B. 模板方法模式
  C. 备忘录模式
  D. 命令模式
  E. 解释器模式

实　　验

一、实验目的

1．掌握 11 种行为型模式的基本用法。
2．总结行为型模式的基本特点。
3．掌握策略模式与状态模式的用法和区别。
4．理解中介者模式是迪米特法则的典型应用。
5．掌握模板方法、迭代器和观察者等模式在 JDK 或 Web 开发中的应用。
6．理解模板方法模式和解析器模式都属于类行为型模式。
7．了解解释器模式在编译原理中的应用。

二、实验内容及步骤

【预备】访问上机实验网站 http://www.wustwzx.com/jdp/index.html，下载本章实验内容的案例，解压后得到文件夹 ch06。在 Eclipse 里，导入 ch06 里的 Java 项目。

1．研究策略模式

（1）查看包 strategy 中文件 Client.java 所包含的 3 个模式角色。
（2）查看类图文件表示的类间（含接口与类）关系。
（3）查看主类 Client 的 main()方法中通过上下文对象引用策略的代码。
（4）运行程序，观察运行结果。
（5）使用 "Xml+Java 反射" 方式创建具体策略类，并运行程序。
（6）验证可以将抽象层的接口改写为抽象类。

2．研究模板方法模式

（1）查看包 template_method 中文件 Client.java 所包含的两个模式角色。
（2）查看抽象类 AbstractClass 中的抽象方法与模板方法。
（3）查看模板方法中对钩子方法的引用，并进行运行测试。
（4）体会模板方法模式中子类对父类的反向控制，并分析在模板方法模式中抽象层的抽象类不能被接口代替的原因。
（5）查看 Servlet 相关 API。
（6）体会使用模板方法能简化 Java 的应用开发。

3．研究备忘录模式

（1）查看包 memento 中文件 Client.java 所包含的 3 个模式角色。
（2）结合类 Originator 的定义，并分析其主要职责及对类 Memento 的引用。
（3）结合类 Caretaker 的定义，并分析其主要职责及对类 Memento 的引用。
（4）运行程序，观察运行结果，并体会只能使用一次撤销的实现过程。
（5）查看包 memento2 中文件 Client.java 类 ChessMemento 定义的 3 个属性。

215

（6）查看类 ChessOriginator 中各方法的作用。

（7）查看类 ChessCaretaker 对备忘录列表的维护方法。

（8）查看 main() 中的代码后，运行程序，并体会多次撤销与恢复的实现过程。

4．研究观察者模式

（1）查看包 observer 中程序文件 Client.java 所包含的类。

（2）查看作为抽象层的抽象类 Observer 与 Subject 之间的关联关系。

（3）查看主类 Client 的 main() 方法代码后，并运行程序。

（4）查看包 observer2 中程序文件 Client.java 里使用接口定义的抽象层。

（5）查看主类 Client 的 main() 方法代码后，并运行程序。

（6）通过源码分析，思考接口 java.util.Observer 方法 update() 的两个参数含义。

5．研究迭代器模式

（1）查看包 iterator 中程序文件 Client.java 所包含的 4 个角色。

（2）查看作为抽象层的抽象类 Aggregate 与 Iterator 之间的关系（Aggregate 的抽象方法 createIterator() 的返回值类型是 Iterator）。

（3）查看 ConcreteIterator 的构造方法中对 ConcreteAggregate 的关联（作为参数类型），以及重写的抽象方法。

（4）查看 ConcreteAggregate 重写的抽象方法 createIterator()。

（5）查看主类 Client 的 main() 方法代码后，运行程序。

（6）对抽象层使用接口改写程序并调试。

6．研究命令模式

（1）打开包 command 中程序文件 Client.java，并结合 Outline 视图查看命令模式里除客户端外的 4 个角色。

（2）打开类图文件，并分析 Invoker 与 Command、ConcreteCommand 与 Receiver、Client 与 Receiver 之间的关系。

（3）以另一种方式处理 ConcreteCommand 对 Receiver 的关联，并调试。

（4）打开包 command_ext 中程序文件 Client.java 中除客户端外的 4 个角色后运行程序。

（5）通过添加一种新的电器（如电风扇）后进行调试程序，以验证智能家居系统具有良好的扩展性。

（6）打开包 command2 中程序文件 Client.java，查看抽象命令类定义的抽象方法。

（7）查看 ConcreteCommand 中调用命令接收者 Adder 对一次撤销与恢复操作的实现。

（8）打开包 command2a 中程序文件 Client.java，查看抽象命令类定义的抽象方法。

（9）查看 ConcreteCommand 中调用命令接收者 Adder，并建立数据栈对多次撤销与恢复操作的实现。

（10）打开包 command3 中程序文件 Client.java，分析实现宏命令的命令模式和组合模式的各个角色。

（11）增加一个减法器并调试，以验证程序具有良好的扩展性。

7. 研究状态模式

（1）查看包 state 中程序文件所包含的上下文类、抽象状态类及其具体状态类。
（2）打开类图文件，查看类间的聚合关系和继承关系。
（3）查验类 Context 的方法 request()调用抽象状态类 State 的抽象方法 handle()。
（4）查看主类中 main()方法的代码，并运行程序。
（5）查看包 state1 中关于交通信号灯顺序转换的实现代码。
（6）查看包 state2 中作为表示上下文的 Account 的属性及方法。
（7）查看 AccountState 定义的属性及方法，以及对 State 的关联关系。
（8）查看 AccountState 的各子类重写的抽象方法，特别是方法 stateCheck()实现了状态的自动切换。
（9）查看主类中 main()方法的代码，并运行程序。

8. 研究职责链模式

（1）查看包 responsibility_chain 中程序文件 Client.java 包含的类所表示的角色。
（2）打开类图文件，查看类间的继承关系和自关联关系。
（3）依次查看抽象处理者类及其子类的定义。
（4）查看主类中 main()方法创建的具体处理者和职责链的代码，并运行程序。
（5）查看包 responsibility_chain1 中除模式角色之外的类 Request 和 DutyChain 的定义。
（6）查看主类中 main()方法的代码，并运行程序。

9. 研究中介者模式

（1）查看包 mediator 中文件 Client.java 所包含的 4 个模式角色。
（2）查看类图，并分析类间的泛化关系和关联关系。
（3）分析中介者消息处理方法 dispatcherMessage(String, String, String)中各参数的含义。
（4）分析同事与中介者之间的关系及消息处理方法 sendMessage(String to, String message) 和 receiveMessage(String from, String message)中各参数的含义。
（5）查看主类中 main()方法的代码，并运行程序。
（6）思考中介者与观察者两种模式的异同点。
（7）对抽象层使用接口改写程序，并进行调试。

10. 研究访问者模式

（1）查看包 visitor 中文件 Client.java 所包含的 5 个模式角色。
（2）查看类图，并分析类间的泛化关系和关联关系。
（3）分析抽象类 Element 定义的抽象方法及在子类中的实现。
（4）分析抽象类 Visitor 定义的抽象方法及在子类中的实现。
（5）查看主类中 main()方法里的代码，并运行程序。
（6）验证新增或删除具体访问者类时，不需要修改现有类（Client 除外），就能实现对这些不同类型的元素增加新的操作，即系统具有良好的扩展性。
（7）对抽象层使用接口改写程序。

11. 研究解释器模式

（1）查看包 interpreter 中程序文件 Client.java 包含的类所表示的角色。

（2）结合代码与类图，查看 AbstractExpression 与 NonterminalExpression 之间的继承与聚合关系。

（3）运行程序，输入仅含一个数的表达式（5），联系终结表达式类，说明运行结果。

（4）在 main()方法输出运行结果前设置断点，以 Debug 方式运行程序，输入 5+10+9+8 后，查看与表达式对应的非终结表达式对象的嵌套结构，并联系非终结表达式类说明运行结果（递归计算的次数与加号的个数相同）。

（5）复制包 interpreter 并命名为 interpreter0，适当改写程序，使之能计算含有加法与减法的表达式。

（6）查看包 interpreter1 中程序文件 Client.java 包含的类所表示的角色。

（7）查看表示二叉树结点的类 Node 的定义。

（8）分别查看抽象类 Expression 及其子类 NumExpression 和 OpExpression 的定义。

（9）查看类 Context 的定义，特别是构造方法 Context(String exp)的实现。

（10）运行程序，并查看相关输出结果，体会将计算表达式值的过程转化为后序遍历二叉树的过程。

（11）在四则运算的基础上，增加一个优先级更高的乘方运算，并调试运行程序。体会本算法具有的良好扩展性。

（12）查看包 interpreter2 中程序文件 Client.java 包含的类所表示的角色与算法设计，并与前一算法进行比较。

三、实验小结及思考

（总结关键的知识点、上机实验中遇到的问题及其解决方案。）

第 7 章 设计模式综合应用

为了方便读者更加系统地学习和掌握各种常用的设计模式,下面通过一个综合实例——"绘图板",来学习如何在实际开发中综合使用设计模式。

7.1 需 求 分 析

绘图板是基本的画图工具。它能绘制一些图形组件(直线、多边形、矩形、椭圆、圆角矩形等),还能实现颜色选择、擦除图片和插入文本,以及实现撤销和恢复、图片保存和读取等功能。

7.2 总 体 设 计

7.2.1 总体设计流程图

当用户打开绘图板时,系统会初始化绘图区域,用户可以新建或打开已有的图片文件,然后对图片文件进行编辑。当用户想放弃正在编辑的图片文件时,可以选择新建图片文件;当用户完成编辑时,可以选择保存图片文件。绘图板的总体设计流程如图 7.2.1 所示。

7.2.2 模块设计

绘图板由 4 个模块构成,分别是工具模块、存储模块、颜色模块和帮助模块。

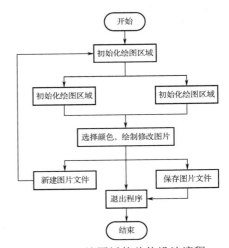

图 7.2.1 绘图板的总体设计流程

1. 工具模块

工具模块的工具箱中有铅笔、画刷、取色器、喷枪、橡皮、直线、多边形、矩形、椭圆、圆角矩形和文本等工具,以方便用户的使用。

(1)铅笔:画任意形状的线条。

(2)画刷:用画刷进行绘图。

(3)取色器:从图片中选取颜色,并将其用于绘图。

（4）喷枪：选取颜色进行颜色的填充。

（5）橡皮：擦除图片或图片的一部分。

（6）直线：绘制直线。

（7）多边形：绘制多边形。

（8）矩形：绘制矩形。

（9）椭圆：绘制椭圆形。

（10）圆角矩形：绘制圆角矩形。

（11）文本：将文本插入图片。

2．存储模块

用户可新建图片文件，打开一个已经存在的图片文件。当完成图片的编辑时，可以选择保存图片文件，用户可选择图片文件的存储路径和存储格式。

3．颜色模块

通过颜色编辑器，用户可以选择和编辑自己满意的颜色。

4．帮助模块

绘图板的帮助文档和软件声明。

7.2.3 界面设计

打开绘图板后，出现绘图板的主界面。主界面左边为工具箱，所对应的工具分别为铅笔、画刷、取色器、喷枪、橡皮、直线、多边形、矩形、椭圆、圆角矩形、文本。绘图时单击相应图形的图标，然后用鼠标拖动，在绘图区域内进行绘制即可。主界面下方为颜料盒，选择一种工具并单击相应的颜色，就可用此工具绘制出相应颜色的图形。绘图板主界面如图7.2.2所示。

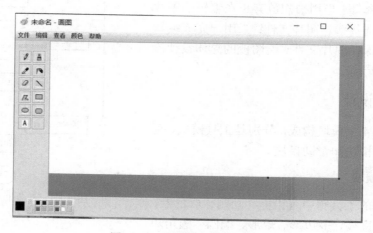

图 7.2.2　绘图板主界面

单击绘图板的文件菜单，用户可选择新建、打开、保存和退出选项。绘图板文件菜单界面如图7.2.3所示。

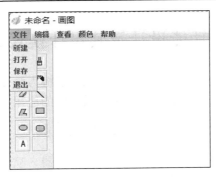

图 7.2.3　绘图板文件菜单界面

选择文件菜单的"打开"和"保存"选项时，可选择图片文件的路径和格式。文件路径和格式选择界面如图 7.2.4 所示。

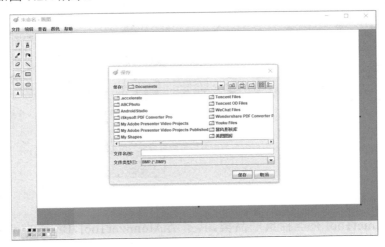

图 7.2.4　文件路径和格式选择界面

选择编辑菜单的"撤销"和"恢复"选项时，可进行多次的撤销和恢复操作。编辑菜单界面如图 7.2.5 所示。

选择"颜色"选项，调出颜色选择器，用户可以选择和编辑自己满意的颜色。颜色编辑界面如图 7.2.6 所示。

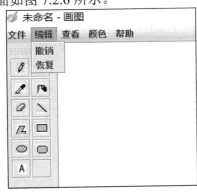

图 7.2.5　编辑菜单界面

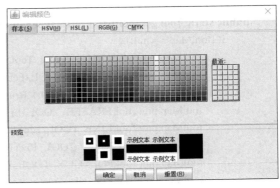

图 7.2.6　颜色编辑界面

7.3 功能设计及其设计模式分析

绘图板的实现可使用简单工厂模式、单例模式、模板方法模式、状态模式、迭代器模式和备忘录模式。下面分别介绍每种设计模式在此系统中的应用。

7.3.1 使用简单工厂模式和单例模式管理绘图工具

绘图板提供了多种绘图工具，如铅笔、画刷、取色器、喷枪、橡皮等各种类型的工具。因此，可以使用简单工厂模式进行设计，如图 7.3.1 所示。

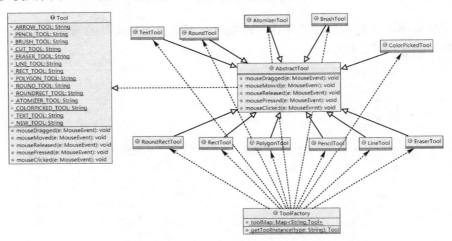

图 7.3.1　简单工厂模式类图

可见 AbstractTool 充当抽象产品类，其子类 AtomizerTool、BrushTool、ColorPickedTool 等充当具体产品，其中 ToolFactory 充当工厂可根据所传入的不同工具参数创建不同的工具。

在类 ToolFactory 中，可用 HashMap 来存储不同的工具，ToolFactory 类的代码片段如下：

```java
public class ToolFactory {
    private static Map<String, Tool> toolMap = null;
    //获取工具类实例的静态方法
    public static Tool getToolInstance(ImageFrame frame, String type){
        if (toolMap == null) {
            toolMap = new HashMap<String, Tool>();
            toolMap.put(Tool.PENCIL_TOOL, PencilTool.getInstance(frame));
            toolMap.put(Tool.BRUSH_TOOL, BrushTool.getInstance(frame));
            toolMap.put(Tool.ERASER_TOOL, EraserTool.getInstance(frame));
            toolMap.put(Tool.LINE_TOOL, LineTool.getInstance(frame));
            toolMap.put(Tool.RECT_TOOL, RectTool.getInstance(frame));
            toolMap.put(Tool.POLYGON_TOOL, PolygonTool.getInstance(frame));
            toolMap.put(Tool.ROUND_TOOL, RoundTool.getInstance(frame));
```

```
            toolMap.put(Tool.ROUNDRECT_TOOL, RoundRectTool.getInstance(frame));
            toolMap.put(Tool.ATOMIZER_TOOL, AtomizerTool.getInstance(frame));
            toolMap.put(Tool.COLORPICKED_TOOL, ColorPickedTool.getInstance(frame));
            toolMap.put(Tool.TEXT_TOOL, TextTool.getInstance(frame));
        }
        return (Tool) toolMap.get(type);
    }
}
```

绘图板中的多种绘图工具，如铅笔、画刷、取色器、喷枪、橡皮等工具都只有一个实例。因此，可以用单例模式进行设计，类图（以一种工具为例）如图7.3.2所示。

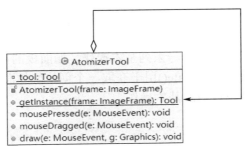

图 7.3.2 单例模式类图

可见 AtomizerTool 为单例模式类，还有静态私有成员变量 Tool、私有构造函数、静态公有工厂方法 getInstance( )，返回唯一的工具实例。

AtomizerTool 类的代码片段如下所示：

```
//喷墨工具
public class AtomizerTool extends AbstractTool {
    private static Tool tool = null;
    private AtomizerTool(ImageFrame frame) {
        super(frame, "img/atomizercursor.gif");
    }
    public static Tool getInstance(ImageFrame frame) {
        if (tool == null) {
            tool = new AtomizerTool(frame);
        }
        return tool;
    }
}
```

注意：抽象工具类 AbstractTool 还有一个父类接口 Tool，里面定义了所有具体工具的名称和鼠标事件监听方法。

7.3.2 使用模板方法管理工具面板和颜色面板

绘图板实现了工具面板和颜色面板，可用来选取不同的绘图工具和颜色，并且工具面板和颜色面板都可以被拖曳。工具面板和颜色面板的实现可以用模板方法模式进行设计，如图 7.3.3 所示。

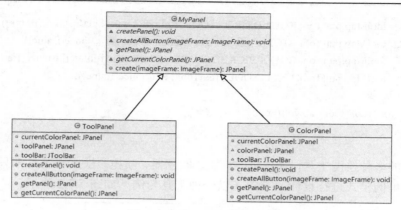

图 7.3.3　模板方法模式类图

可见 MyPanel 为抽象类，定义了一系列基本操作，如面板的创建、按钮的创建、面板的获取等；同时实现了一个模板方法 create()用于获取一个创建好的面板。ToolPanel 和 ColorPanel 为具体子类，可实现抽象类中声明的基本操作。

MyPanel 类的代码片段如下：

```java
public abstract class MyPanel {
    abstract void createPanel();                              //创建面板
    abstract void createAllButton(ImageFrame imageFrame);     //创建所有按钮
    abstract JPanel getPanel();                               //获取面板并返回
    abstract JPanel getCurrentColorPanel();                   //获取颜色选择面板并返回

    public final JPanel create(ImageFrame imageFrame){        //模板方法
        createPanel();
        createAllButton(imageFrame);
        return getPanel();
    }
}
```

ToolPanel 类的代码片段如下：

```java
public class ToolPanel extends MyPanel{
    private JPanel currentColorPanel;
    JPanel toolPanel;
    JToolBar toolBar;
    public void createPanel() {                                //创建工具栏面板
        toolPanel = new JPanel();
        toolBar = new JToolBar("工具");                         //创建一个标题为"工具"的工具栏
        toolBar.setOrientation(SwingConstants.VERTICAL);       //设置工具栏为垂直排列
        toolBar.setFloatable(true);                            //设置工具栏为可以拖动
        toolBar.setMargin(new Insets(2, 2, 2, 2));             //设置工具栏与边界的距离
        toolBar.setLayout(new GridLayout(6, 2, 2, 2));         //设置工具栏布局方式
    }

    public void createAllButton(ImageFrame imageFrame){        //创建全部工具按钮
        // 工具数组
```

```java
        String[] toolarr = { PENCIL_TOOL, BRUSH_TOOL, COLORPICKED_TOOL,
                ATOMIZER_TOOL, ERASER_TOOL, LINE_TOOL,
                POLYGON_TOOL, RECT_TOOL, ROUND_TOOL,
                ROUNDRECT_TOOL,TEXT_TOOL, NEW_TOOL };
        for (int i = 0; i < toolarr.length; i++) {
            ImageAction action = new ImageAction(new ImageIcon("img/"
                    + toolarr[i] + ".jpg"), toolarr[i], imageFrame);
            JButton button = new JButton(action);               //创建一个工具按钮
            toolBar.add(button);                                //把按钮加到工具栏中
        }
        toolPanel.add(toolBar);                                 //把工具栏添加到面板中
    }
    public JPanel getPanel(){                                   //获取工具栏面板
        return toolPanel;
    }
    public JPanel getCurrentColorPanel() {                      //获取颜色选择面板
        return currentColorPanel;
    }
}
```

ColorPanel 类的代码片段如下：

```java
public class ColorPanel extends MyPanel{
    private JPanel currentColorPanel;
    JPanel colorPanel;
    JToolBar toolBar;
    public void createPanel() {                                 //创建颜色面板
        colorPanel = new JPanel();
        colorPanel.setLayout(new FlowLayout(FlowLayout.LEFT));  //设置颜色面板的布局方式
        toolBar = new JToolBar("颜色");                          //创建一个标题为"颜色"的工具栏
        toolBar.setMargin(new Insets(2, 2, 2, 2));              //设置工具栏与边界的距离
        toolBar.setLayout(new GridLayout(2, 6, 2, 2));          //设置工具栏布局方式
    }
    public void createAllButton(ImageFrame imageFrame){         //创建全部颜色按钮
        // Color 类中的已有颜色
        Color[] colorArr = { BLACK, BLUE, CYAN, GRAY, GREEN, LIGHT_GRAY,
                MAGENTA, ORANGE, PINK, RED, WHITE, YELLOW };
        JButton[] panelArr = new JButton[colorArr.length];
        currentColorPanel = new JPanel();                       //创建颜色选择面板
        currentColorPanel.setBackground(Color.BLACK);           //设置默认颜色为黑色
        currentColorPanel.setPreferredSize(new Dimension(20, 20));
        for (int i = 0; i < panelArr.length; i++) {
            //创建一个颜色按钮，并且使颜色能随按钮颜色的变化而变化
            panelArr[i] = new JButton(new ImageAction(colorArr[i], currentColorPanel));
            panelArr[i].setBackground(colorArr[i]);             //设置按钮的颜色
            toolBar.add(panelArr[i]);                           //把按钮添加到工具栏
        }
    }
```

```
            colorPanel.add(currentColorPanel);              //把颜色选择面板加到颜色面板中
            colorPanel.add(toolBar);                        //把工具栏添加到颜色面板中
        }
        public JPanel getPanel(){                           //获取颜色面板
            return colorPanel;
        }
        public JPanel getCurrentColorPanel() {              //获取颜色选择面板
         return currentColorPanel;
          }
    }
```

注意：currentColorPanel 为颜色选择面板，它是颜色面板的一部分，不可拖曳，默认为黑色，可随用户选取颜色的不同而随之改变。

7.3.3 使用状态模式管理系统菜单

绘图板可以实现多次的撤销和恢复，撤销和恢复功能的菜单显示状态，可以用状态模式进行设计。当进行第一次撤销或已恢复到撤销前状态时，撤销菜单为不可单击状态；当撤销到最后一步时，撤销菜单恢复为可单击状态；其他时候撤销和恢复菜单都为可单击状态。用状态模式设计撤销和恢复菜单显示的类图，如图 7.3.4 所示。

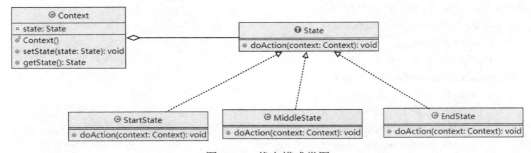

图 7.3.4 状态模式类图

可见 State 为抽象状态类，可声明各种不同状态对应的方法。StartState、MiddleState 和 EndState 为具体状态类，分别实现一个与环境类状态相关的行为，每一个具体状态类对应相关的环境状态，如 StartState 为撤销菜单不可单击而恢复菜单可单击状态，MiddleState 为撤销和恢复菜单都可单击状态，EndState 为撤销菜单可单击而恢复菜单不可单击状态。Context 为环境类拥有多种状态的对象。

State 类的代码片段如下：

```
public interface State {                                    //抽象状态
    public void doAction(Context context);
}
```

StartState 类的代码片段如下：

```
public class StartState implements State {                  //具体状态
    public void doAction(Context context) {                 //实现接口方法
        ImageFrame.getInstance().getJMenuBar().
            getMenu(1).getItem(0).setEnabled(false);
```

```
            ImageFrame.getInstance().getJMenuBar().
                    getMenu(1).getItem(1).setEnabled(true);
            context.setState(this);
        }
    }
```

MiddleState 类的代码片段如下：
```
public class MiddleState implements State {                //具体状态
    public void doAction(Context context) {                //实现接口方法
        ImageFrame.getInstance().getJMenuBar().
                getMenu(1).getItem(0).setEnabled(true);
        ImageFrame.getInstance().getJMenuBar().
                getMenu(1).getItem(1).setEnabled(true);
        context.setState(this);
    }
}
```

EndState 类的代码片段如下：
```
public class EndState implements State {                   //具体状态
    public void doAction(Context context) {                //实现接口方法
        ImageFrame.getInstance().getJMenuBar().
                getMenu(1).getItem(0).setEnabled(true);
        ImageFrame.getInstance().getJMenuBar().
                getMenu(1).getItem(1).setEnabled(false);
        context.setState(this);
    }
}
```

Context 类的代码片段如下：
```
public class Context {
    private State state;                                   //Context 聚合 State
    public Context(){
        state = null;
    }
    public void setState(State state){
        this.state = state;
    }
    public State getState(){
        return state;
    }
}
```

7.3.4　使用迭代器模式存取图片文件

绘图板实现了不同格式图片文件的保存和读取功能，可以对 BMP、GIF、JPG、PNG 等类型的图片进行保存和读取。图片文件过滤器的增加可以用迭代器模式进行设计，如图 7.3.5 所示：

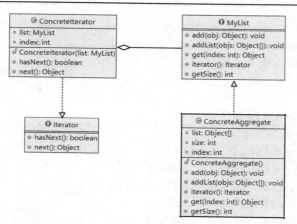

图 7.3.5 迭代器模式类图

可见 Iterator 为抽象迭代器，它声明了用于遍历图片文件的方法。ConcreteIterator 是具体迭代器，实现了抽象迭代器接口，可完成对聚合对象的遍历。MyList 是抽象聚合类，用于存储和管理元素对象，可创建一个迭代器对象。ConcreteAggregate 是具体聚合类，可实现在抽象聚合类中声明的方法，返回一个具体迭代器实例。

Iterator 类的代码片段如下：

```java
public interface Iterator {                       //抽象迭代器
    public boolean hasNext();                     //判断是否存在下一个元素
    public Object next();                         //指向下一个元素
}
```

ConcreteIterator 类的代码片段如下：

```java
public class ConcreteIterator implements Iterator {   //具体迭代器
    private MyList list = null;
    private int index;                                //定义一个游标
    public ConcreteIterator(MyList list) {
        super();
        this.list = list;
    }
    public boolean hasNext() {            //实现接口方法
        if (index >= list.getSize()) {
            return false;
        } else {
            return true;
        }
    }
    public Object next() {                //实现接口方法
        Object object = list.get(index);
        index++;
        return object;
    }
}
```

MyList 类的代码片段如下：
```java
public interface MyList {                              //抽象聚合类
    public void add(Object obj);
    public void addList(Object[] objs);
    public Object get(int index);
    public int getSize();
    public Iterator iterator();                        //声明创建迭代器对象的工厂方法
}
```

ConcreteAggregate 类的代码片段如下：
```java
public class ConcreteAggregate implements MyList{      //具体聚合类
    private Object[] list;
    private int size = 0;
    private int index = 0;
    public ConcreteAggregate(){
        index = 0;
        size = 0;
        list = new Object[100];
    }
    public void add(Object obj) {                      //实现接口方法
        list[index++] = obj;
        size++;
    }
    public void addList(Object[] objs){                //实现接口方法
        list = objs;
    }
    public Object get(int index) {                     //实现接口方法
        return list[index];
    }
    public int getSize() {                             //实现接口方法
        return size;
    }
    public Iterator iterator() {
        return new ConcreteIterator(this);             //实现创建迭代器对象的工厂方法
    }
}
```

用迭代器模式增加图片文件过滤器的代码片段如下：
```java
private void addFilter() {
    MyList myList = new ConcreteAggregate();           //创建聚合对象
    myList.add(new MyFileFilter(new String[] { ".BMP" }, "BMP (*.BMP)"));
    myList.add(new MyFileFilter(new String[] { ".GIF" }, "GIF (*.GIF)"));
    myList.add(new MyFileFilter(new String[] { ".TIF", ".TIFF" }, "TIFF (*.TIF;*.TIFF)"));
    myList.add(new MyFileFilter(new String[] { ".PNG" }, "PNG (*.PNG)"));
    myList.add(new MyFileFilter(new String[] { ".ICO" }, "ICO (*.ICO)"));
    myList.add(new MyFileFilter(new String[] { ".JPG", ".JPEG", ".JPE", ".JFIF" },
                                "JPEG (*.JPG;*.JPEG;*.JPE;*.JFIF)"));
    myList.add(new MyFileFilter(new String[] { ".BMP", ".JPG", ".JPEG", ".JPE", ".JFIF", ".GIF",
```

```
                                                    ".TIF", ".TIFF",".PNG", ".ICO" },"所有图形文件"));
        Iterator it = myList.iterator();            //创建迭代器对象
        while(it.hasNext()){                        //遍历
            this.addChoosableFileFilter((MyFileFilter)it.next());
        }
    }
```

7.3.5 使用备忘录模式管理编辑操作

绘图板可实现撤销和恢复功能，在绘图的过程中用户如果出现一些误操作，如画错或填充错了颜色，可以单击撤销菜单恢复到上一步，若撤销过多次，也可以通过单击菜单相关选项恢复之前的状态。撤销和恢复功能的实现可以用备忘录模式进行设计，如图 7.3.6 所示。

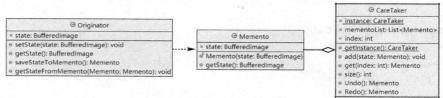

图 7.3.6　备忘录模式类图

可见 Originator 为原发器类，它通过创建备忘录来保存系统中的内部状态。Memento 为备忘录类，可根据原发器来决定保存哪些内部状态。CareTaker 为负责人类，可负责保存备忘录。

Originator 类的代码片段如下：

```java
public class Originator {                                       //原发器，用于创建，并恢复备忘录
    private BufferedImage state;
    public void setState(BufferedImage state){
        this.state = state;
    }
    public BufferedImage getState(){
        return state;
    }
    public Memento saveStateToMemento(){                        //创建一个备忘录对象
        return new Memento(state);
    }
    public void getStateFromMemento(Memento Memento){           //根据备忘录对象恢复原发器状态
        state = Memento.getState();
    }
}
```

Memento 类的代码片段如下：

```java
class Memento {                                                 //备忘录类，默认可见性，包内可见
    private BufferedImage state;
    public Memento(BufferedImage state){
        this.state = state;
    }
    public BufferedImage getState(){
        return state;
```

        }
    }

CareTaker 类的代码片段如下：
```java
public class CareTaker {                    //看管者：管理备忘录对象，设计为单例类
    private static CareTaker instance;
    //定义一个集合来存储多个备忘录对象
    private List<Memento> mementoList = new ArrayList<Memento>();
    public int index = -1;                              //统计次数
    //单例模式（懒汉式，线程安全）
    public static synchronized CareTaker getInstance() {
        if (instance == null) {
            instance = new CareTaker();
        }
        return instance;
    }
    public void add(Memento state){                     //添加备忘录
        index++;
        mementoList = mementoList.subList(0, index);
        mementoList.add(state);
    }
    public Memento get(int index){                      //根据 index 获取备忘录
        return mementoList.get(index);
    }
    public int size(){                                  //获取备忘录集合的长度
        return mementoList.size();
    }
    public Memento Undo(){                              //撤销
        if(index > 0){
            if(index == mementoList.size() -1) index--;
            index--;
            return get(index);
        }
        else{
            return get(0);
        }
    }
    public Memento Redo(){                              //恢复
        if(index < mementoList.size()){
            if(index == mementoList.size() -2) index++;
            index++;
            if(index >= mementoList.size()) index = mementoList.size() -1;
            return get(index);
        }
        else{
            return get(mementoList.size() -1);
        }
    }
}
```

注意：可结合 image.action 包的 KeyboardListener.java 类中 Undo()方法和 Redo()方法，理解状态模式和备忘录模式的联合使用，可实现多次撤销和恢复操作，以及编辑菜单下子菜单的状态变化。

习 题

1. ____设计模式考虑了系统的性能,它们的引入将使程序在运行时能够节约一定的系统资源。
    A. 工厂方法
    B. 享元
    C. 迭代器
    D. 单例
    E. 适配器

2. 下列设计模式中,属于类模式的是____。
    A. 工厂方法模式
    B. 类适配器模式
    C. 模板方法模式
    D. 解释器模式
    E. 迭代器模式

3. 下列 GoF 模式中,包含上下文环境作为模式角色的是____。
    A. 状态模式
    B. 组合模式
    C. 策略模式
    D. 职责链模式
    E. 迭代器模式

4. 撤销(Undo)操作是很多软件系统的基本功能之一,在设计模式中,____模式可以用于设计和实现撤销功能。
    A. 命令
    B. 访问者
    C. 备忘录
    D. 职责链
    E. 代理

5. ____模式可以避免在设计方案中使用庞大的多层继承结构,从而减少系统中类的总数量。
    A. 桥接
    B. 装饰
    C. 模板方法
    D. 中介者
    E. 工厂方法

6. ____模式可用于将请求发送者与请求接收者解耦,请求在发送完之后,客户端无须关心请求的接收者是谁,系统根据预定义的规则可将请求转发给指定的对象处理。
    A. 状态

B. 访问者
C. 职责链
D. 命令
E. 中介者

7. 单一职责原则要求一个类只负责一个功能领域中的相应职责。在设计模式中，____体现了单一职责原则。

   A. 工厂方法模式
   B. 桥接模式
   C. 代理模式
   D. 中介者模式
   E. 单例模式

8. 以下叙述中，正确的是____。

   A. 一个客户不想或不能够直接引用一个对象，而代理对象则可以在客户端和目标对象之间起到中介的作用
   B. 静态代理中，代理角色和真实主题角色必须实现相同的接口（或有共同的父类）
   C. 中介者模式中，通信双方不需要实现相同的接口
   D. 适配器模式中的 Adapter 类和 Adaptee 类必须实现相同的接口
   E. 桥接模式中，抽象部分和实现部分必须有共同父类

9. 在 GoF 的 23 种设计模式中，具有"子类聚合抽象父类"特征的是____。

   A. 建造者模式
   B. 装饰模式
   C. 组合模式
   D. 迭代器模式
   E. 解释器模式

实　　验

一、实验目的

1．掌握简单工厂模式在绘图板中的用法。
2．掌握单例模式在绘图板中的用法。
3．掌握模板方法模式在绘图板中的用法。
4．掌握状态模式在绘图板中的用法。
5．掌握迭代器模式在绘图板中的用法。
6．掌握备忘录模式在绘图板中的用法。

二、实验内容及步骤

【预备】访问上机实验网站 http://www.wustwzx.com/jdp/index.html，下载本章实验内容的案例，解压后得到文件夹 ch07。

1．工厂模式和单例模式在绘图板中的应用

（1）在 Eclipse 中导入 ch07 里的 Java 项目——绘图板。
（2）查看 image.tool 包中单例工具类（AtomizerTool.java, BrushTool.java, ColorPickedTool.java, EraserTool.java, LineTool.java, PencilTool.java, PolygonTool.java, RectTool.java, RoundRectTool.java, RoundTool.java, TextTool.java）的代码和相关注释，理解单例模式的三要素。
（3）查看 image.tool 包中简单工厂类 ToolFactory.java 的代码和相关注释。
（4）对项目做运行测试。

2．模板方法模式在绘图板中的应用

（1）查看 image.myPanel 包中抽象面板类（MyPanel.java）的代码和相关注释，理解抽象面板类中的模板方法 public final JPanel create(ImageFrame imageFrame)。
（2）查看 image.myPanel 包中具体面板类（ColorPanel.java，ToolPanel.java）的代码和相关注释。
（3）对项目做运行测试。

3．状态模式在绘图板中的应用

（1）查看 image.State 包中抽象状态类（State.java）的代码和相关注释。
（2）查看 image.State 包中具体状态类（StartState.java，MiddleState.java，EndState.java）的代码和相关注释。
（3）查看 image.State 包中环境类（Context.java）的代码和相关注释，理解环境类在状态模式中的重要作用。
（4）对项目做运行测试。

4. 迭代器模式在绘图板中的应用

（1）查看 image.myIterator 包中抽象迭代器类（Iterator.java）的代码和相关注释。

（2）查看 image.myIterator 包中具体迭代器类（ConcreteIterator.java）的代码和相关注释，理解游标 index 的使用。

（3）查看 image.myIterator 包中抽象聚合类（MyList.java）的代码和相关注释，理解 public Iterator iterator()方法用于创建一个迭代器对象，充当抽象迭代器的工厂角色。

（4）查看 image.myIterator 包中具体聚合类（ConcreteAggregate.java）的代码和相关注释。

（5）对项目做运行测试。

5. 备忘录模式在绘图板中的应用

（1）查看 image.memento 包中原发器类（Originator.java）的代码和相关注释。

（2）查看 image.memento 包中备忘录类（Memento.java）的代码和相关注释，注意除原发器本身和负责人类之外，备忘录对象不能直接供其他类使用，因此 Memento.java 仅在包内可见。

（3）查看 image.memento 包中负责人类（CareTaker.java）的代码和相关注释，注意负责人类为单例类，用集合存储多个备忘录对象，可以实现多次的撤销和恢复操作。

（4）对项目做运行测试。

三、实验小结及思考

（总结关键的知识点、上机实验中遇到的问题及其解决方案。）

参 考 文 献

[1] Erich Gamma, Richard Helm, Ralph Johnson, John Vlissides. 设计模式：可复用面向对象软件的基础[M]. 李英军，马晓星，蔡敏，刘建中 等，译，北京：机械工业出版社，2019.

[2] Eric Freeman, Elisabeth Freeman, Kathy Sierra, Bert Bates. Head First 设计模式[M]. O'Reilly Taiwan 公司，译，北京：中国电力出版社，2007.

[3] 刘伟. Java 设计模式[M]. 北京：清华大学出版社，2018.

[4] 张晓龙, 吴志祥, 刘俊. Java 程序设计简明教程[M]. 北京：电子工业出版社，2018.

[5] 吴志祥，钱程，王晓锋，鲁屹华. Java EE 开发简明教程——基于 Eclipse + Maven 环境的 SSM 架构[M]. 北京：电子工业出版社，2020.

[6] 吴志祥，雷鸿，李林，肖建芳，黄金刚. Web 前端开发技术[M]. 武汉：华中科技大学出版社，2019.

[7] 肖琨，吴志祥，史兴燕，张智. Android Studio 移动开发教程[M]. 北京：电子工业出版社，2019.